Mark B.

INFRAROT-THERMOGRAFIE

Eine Einführung für Beginner

Impressum
Bibliografische Information der Deutschen Nationalbibliothek:
Die Deutsche Nationalbibliothek verzeichnet diese Publikation in der Deutschen Nationalbibliografie; detaillierte bibliografische Daten sind im Internet über http://dnb.d-nb.de abrufbar.

Herstellung und Verlag:
BoD – Books on Demand, Norderstedt

ISBN:
978-3756225934

INHALT

VORWORT

Bis vor wenigen Jahren waren Infrarot- oder Wärmebildkameras für die meisten Leute unerschwinglich. Mittlerweile überfluten Hersteller aus Fernost den Markt mit bezahlbaren und teilweise sogar hervorragenden Kameras, die selbst für Privatpersonen erschwinglich sind.

Aber auch die etablierten Hersteller wie Flir und Fluke haben einige günstige Einsteigermodelle im Programm mit denen man für einen Großteil der möglichen Aufgaben gut gerüstet ist!

Die Wärmebildtechnik ermöglicht uns Perspektiven um Zusammenhänge zu erkennen, die wir mit unseren Augen so nicht sehen würden und die wir mit anderen Hilfsmitteln schwerer erkennen würden.

Thermografie hält auch mehr und mehr Einzug in neue Bereiche - in Deutschland empfiehlt der VdS (*VdS 2858*) eine Wärmebildprüfung bei Inbetriebnahme und der jährlichen Prüfung von Schaltschränken.

Dabei richtet sich dieses Buch nicht primär an Thermografen oder jene die gerade eine Ausbildung zum Thermografen machen. Vielmehr versuche ich diese spannende Technik interessierten nahezubringen und Zusammenhänge einfach und anhand kleiner und einfach selbst nachzumachender Versuche zu vermitteln.

IR-KAMERAS FÜR JEDERMANN

Bevor wir uns mit den Grundlagen näher beschäftigen will, ich Ihnen kurz Erklären wie sich bezahlbare Infrarot-Kameras entwickelt haben. Dabei werden wir uns auch gleich einen der wichtigsten Faktoren einer Wärmebildkamera, die Infrarot-Auflösung, etwas näher ansehen.

Im Vergleich zu Tageslichtkameras gibt es bei Wärmebildkameras extrem geringe Auflösungen und daher kann man hier getrost sagen - je höher die Auflösung umso besser.

Im Jahr 2013 hat Fluke das VT02 vorgestellt. Dieses Gerät sollte einen Zwischenschritt zwischen IR-Thermometer und einer echten Wärmebildkamera darstellen. Darum steht VT auch für Visual Thermometer.

Die Auflösung war so schlecht, dass diese nicht mal im offiziellen Datenblatt des Geräts erwähnt wurde. Auf Grund der optischen Leistung des Gerätes wird die Auflösung ca. 24x24 bis 32x32 Pixel betragen. Dennoch konnte man durch die Überblendung des Wärmebildes mit einem Kamerabild ungefähr sehen wo die Hitzeentwicklung stattfindet. Um zu verstehen warum dies eine Revolution war, sollten wir kurz klären was eine Wärmebildkamera eigentlich ist...

Wir alle kennen IR-Thermometer mit denen man berührungslos die Temperatur messen kann. Eine Thermokamera ist im Grunde genau das gleiche nur dass jeder Pixel ein solches Infrarot-Thermometer ist und die IR-Kamera die ganzen einzelnen Messpunkte zu einem Gesamtbild zusammenfügt.

Bei einem IR-Thermometer ist das Verhältnis zwischen Entfernung und Messfeldgröße sehr wichtig für eine genaue Messung - sehen wir uns dies anhand folgender Thermogramme genauer an:

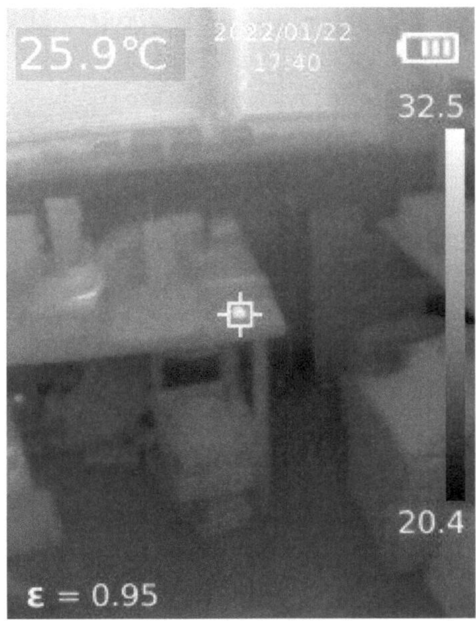
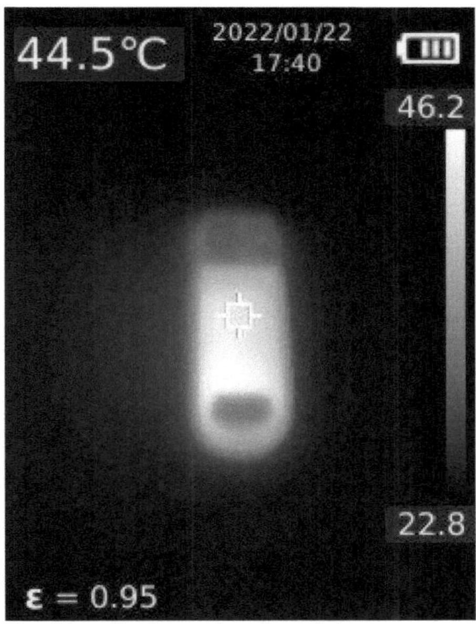

Zu weit weg! Das Objekt füllt den Messfleck nicht komplett aus.

Der Messfleck passt nun auf das zu messende Objekt.

Thermokameras zeigen den Messfleck mit einem kleinen Quadrat an. Bei Infrarot-Thermometern ist oftmals nur ein einzelner Laser verbaut und derjenige der das Gerät bedient muss sich den Messfleck bzw. dessen Größe denken. Das ist jedoch fehleranfällig!

Ich habe hier einen USB-Stick auf einen Schreibtisch gelegt und die zwei Thermogramme aus 2 Metern Abstand und aus 15 cm Abstand aufgenommen.

Beim ersten Bild ist der kleine weiße Punkt zwar erkennbar aber die Temperaturmessung zeigt **25,9°C** an. Dieser Messwert ist die Durchschnitts-temperatur innerhalb des Messbereichs (*das Quadrat mit den Linien in der Bildmitte*). Sobald der Messfleck zumindest komplett ausgefüllt ist oder in das zu messende Objekt hineinpasst, stimmt die Temperaturmessung und es werden die korrekten **44,5°C** angezeigt.

Ein Messfleck ist dabei entweder rund oder quadratisch und das macht zB die Messung von einzelnen länglichen Leitungen schwerer außer man kann an diese so nahe heran, dass der Messfleck in die Leitung hineinpasst.

Ein visuelles Thermometer zeigt uns also ob wir richtige Ergebnisse bei der Messung erhalten oder nicht bzw. zeigt es uns ob wir näher heran gehen müssen. Außerdem erleichtert es die Kommunikation mit anderen Leuten denn ein Bild sagt bekanntlich mehr als tausend Worte!

Damals kosteten richtige Wärmebildkameras einige tausend Euro und das VT02 war für deutlich weniger als 1000 EUR zu haben und ein 4x höher auflösendes VT04 kam sehr kurz darauf heraus. Schnell pendelte sich der Preis um die 600 Euro ein und damit wurde ein ganz neuer Markt geschaffen.

2014 steigt dann Flir in diesen Markt ein mit einem etwas höher auflösenden IR-Pyrometer; dem TG165 mit 80x60 Pixel Auflösung. Auch dieses Gerät war binnen kürzester Zeit etwas im Preis gefallen und für wenige hundert Euro zu haben.

Neben den zwei großen Herstellern in dieser Branche drängten diverse fernöstliche Hersteller auf den Markt. Diese baten ähnliche Produkte wie das VT02, VT04 und TG165 für einen noch geringeren Preis an.

Kürzlich hat ein etablierter chinesischer Hersteller von Infrarot-Bolometern namens InfiRay angefangen günstige und sehr gute Einsteiger-Geräte wie die C200/C210 oder P200 auf den Markt zu bringen.

Außerdem ist Hikvision mit seiner Marke Hikmicro in den IR-Kameramarkt eingestiegen und hat mit Modellen wie einer E1L, B20, Pocket2 oder M10 Geräte auf den Markt gebracht die Auflösungen von 160x120 Pixeln unter 500 Euro und Auflösungen wie 256x192 Pixel für etwas mehr als 600 Euro bieten. Die M10 bietet für ca. 1200 eine manuell fokussierbare Kamera mit echter Makro-Funktion.

Selbst die etablierten großen Hersteller haben mittlerweile einige Einsteigermodelle im Programm, die mit Auflösungen von 120x90 und 160x120 Pixeln durchaus für viele Bereiche ausreichend gute Auflösung bieten um ordentlich damit arbeiten zu können! Dabei sind wir immer noch weit unter der 1.000 Euro Marke. Spitzenreiter in Punkto Auflösung ist die Firma Seek mit 320x240 Pixeln für deutlich unter 1.000 Euro. Allerdings rauschen Seek-Sensoren deutlich stärker und die etwas blasseren Farben und der damit geringere Kontrast gepaart mit der fehlenden Analysesoftware sind Nachteile, die kein anderer der genannten Hersteller hat.

Wir sind mittlerweile an einem Punkt an dem Thermografie für jeden interessierten nutzbar und bezahlbar wird. Sehen wir uns nun anhand einiger Beispiele an, welche Entwicklung in den letzten paar Jahren stattgefunden hat:

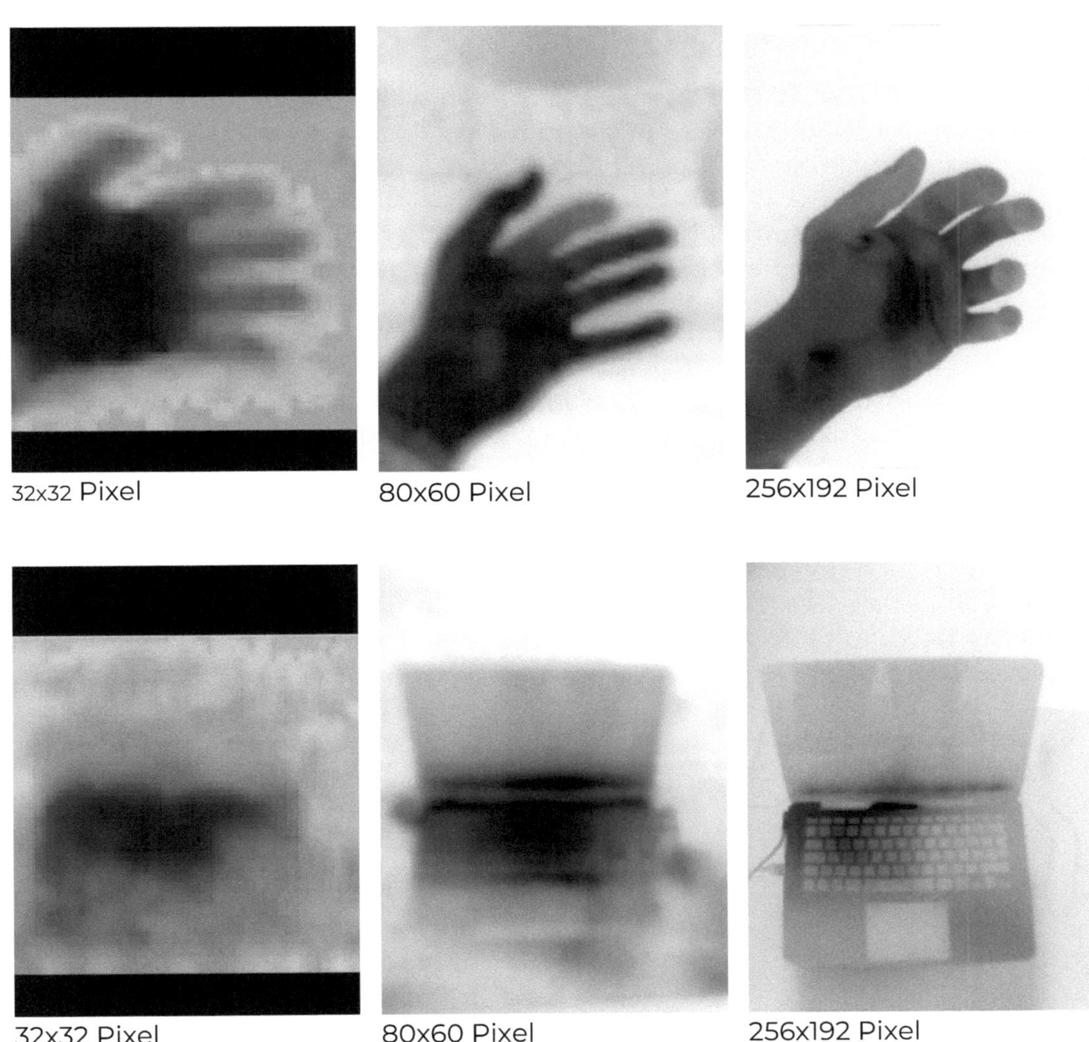

32x32 Pixel

80x60 Pixel

256x192 Pixel

32x32 Pixel

80x60 Pixel

256x192 Pixel

Die Kameras mit den 32x32 Pixel Sensoren sind zwar schon ab 150 Euro zu haben aber wenn Sie mich fragen ist das Geldverschwendung denn ab 250 - 300 Euro bekommen Sie 80x60 Pixel Sensoren!

In Punkto Preis / Leistung sind die 160x120 - 320x240 Pixel Sensoren die Spitzenreiter. Man bekommt entsprechende Kameras für 400 - 800 Euro zu kaufen.

Im Vergleich zu einer 32x32 Pixel Kamera kann man mit dem 3 - 4 fachen Budget die Auflösung um den Faktor 19 - 77 steigern.

Jenseits der 320x240 Pixel Marke explodieren die Preise für Kameras förmlich. Kameras, die 640x480 Pixel Auflösung bieten, kosten dann je nach Marke und Modell so viel wie ein fabrikneuer Kleinwagen!

Je höher die Auflösung umso kleinere und feinere Details kann man messen aber High-End Kameras bieten darüber hinaus natürlich noch viele weitere Zusatzfunktionen wie wechselbare Objektive, einstellbarer Fokus, Zoom, höhere Genauigkeit, größerer Temperaturbereich, etc.

Mit den günstigen Preisen für Einsteiger Infrarot-Kameras kann sich jeder Installateur, Elektriker, Elektroniker, Mechaniker oder Heimanwender diese Technik leisten und sehr viele Anwendungen sind mit einfachen Kameras mit festem Fokus und einer Auflösung zwischen 160x120 und 320x240 gut machbar!

Hier liegt auch der Sweetspot und daher würde ich keine Kamera empfehlen die weniger als 160x120 Pixel Auflösung hat. In diesem Segment ist auch die meiste Bewegung im Markt und viele neue Hersteller steigen mit Kameras in diesem Bereich ein.

DIE WICHTIGSTEN KAMERA-EIGENSCHAFTEN

Es gibt verschiedenste weitere Faktoren bei einer Wärmebildkamera zu bedenken.

Viele Modelle haben neben einer IR-Kamera auch eine Tageslicht-Kamera und erlauben es die beiden Bilder zusammenzurechnen um Kanten und Strukturen besser sichtbar zu machen. Die beste Option ist hierbei eine Technik bei der nur die Kanten überblendet werden. Dies sorgt für den Eindruck, dass die Kamera eine deutlich höhere Auflösung hätte:

Je nach Hersteller hat diese Technik verschiedene Namen:

> MSX (*Flir*)

> iMIX (*InfiRay*)

> Fusion (*Hikmicro*)

Abgesehen davon gibt es eine einfachere Realbildüberblendung die sich in den meisten Fällen Fusion nennt:

InfiRay C210 - Wärmebild

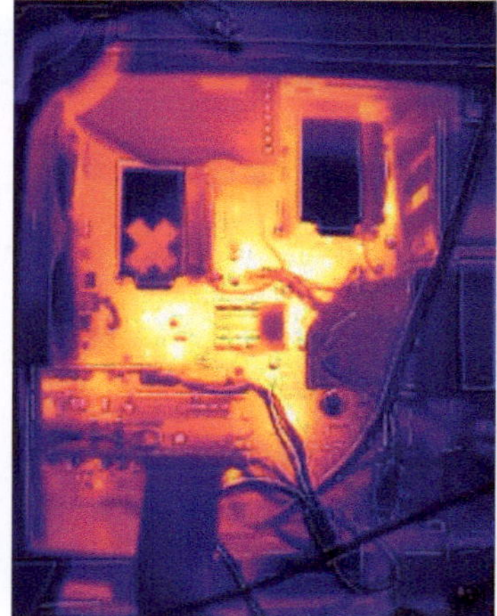

InfiRay C210 - iMIX

InfiRay C210 - Fusion (50%)

Wir sehen hier gut wie die Kantenbetonung mit iMIX das Bild nochmal klarer macht, ohne die Farbpalette zu verändern.

Fusion hingegen sorgt für deutlich ausgewaschenere Farben und mögliche Fehleinschätzungen. Nun wirken einige der Kabel im Bild als wären diese warm aber in Wirklichkeit waren diese gelb bzw. rot und die Farbe auf dem Realbild kommt nun langsam durch und verfälscht das Thermogramm. Genau darum finde ich derartige Techniken nicht gut vor allem wenn die Tageslichtkamera ein färbiges Bild aufnimmt!

Die versetzt angeordneten Kameras müssen die Bilder deckungsgleich überblenden und daher muss man der Kamera den Arbeitsabstand ständig mitteilen (*Parallaxenproblem*). Ab einer gewissen Grenze (*meist 30-50cm*) ist der Parallaxenausgleich nicht mehr möglich und man kann nur noch mit dem Wärmebild arbeiten!

Vor allem Kameras mit geringerer Auflösung (*zB 80x60 Pixel*) profitieren sehr stark von diesem Effekt:

80x60 Pixel - Wärmebild

80x60 Pixel - MSX

256x192 Pixel - Wärmebild

Wir sehen hier auch wie MSX zwar sehr viele Detail zurückholt damit man sich besser im Bild orientieren kann. Aber im konkreten Beispiel wird das Wärmebild auch etwas verwaschen.

Trotzdem ist eine höhere Auflösung immer vorzuziehen denn für eine zuverlässige Temperaturmessung müssen 3x3 oder besser noch 5x5 Pixel herangezogen werden. Je mehr Pixel wir auf der Fläche haben, umso kleiner sind die messbaren Punkte.

Man spricht hier auch vom IVOF (*Instantaneous field of view*). Dies ist die Größe eines Detektorpixels in Abhängigkeit des Aufnahmeabstandes. Der IFOV bestimmt sich aus der Anzahl der Pixel und der Brennweite des Objektivs. Die Brennweite des Objektivs bestimmt das Blickfeld, das auch als FOV (*Field of View*) bezeichnet wird. Dieser Wert wird in Datenblättern in mrad (*Milliradians*) angegeben und lässt sich mit FOV-Rechnern umrechnen:

```
https://flir.custhelp.com/app/fl_download_datasheets
```

Die Formel um die Größe eines Detektorelements anhand des Abstandes auszurechnen ist folgende:

```
(mrad / 1000) * Entfernung
```

Nehmen wir zB die InfiRay C210 und rechnen das Beispiel mit dem USB-Stick zur Übung durch:

```
(3,8 mrad / 1000) * 2100mm = 7,98mm
```

Rechnen wir grob mit 8mm dann haben wir ein Messfeld von 24x24mm bei einem 3x3er Raster und 40x40mm beim 5x5er Raster. Damit wird auch klar, dass der 12x28mm große USB-Stick das Messfeld nicht ausfüllen konnte!

Ich werde Sie in diesem Buch nicht mit sehr vielen Formeln und Berechnungen quälen – diese können Sie gerne im Rahmen einer ITC-Zertifizierung lernen aber die oben genannte Formel sollten Sie unbedingt kennen.

Rechnen Sie mit Millimetern, dann ist das Ergebnis in Millimetern zu verstehen. Rechnen Sie in Centimetern, dann erhalten Sie die Messfeldgröße in Centimetern.

Im Vergleich dazu hat eine Hikmicro M10 mit dem engeren Sichtfeld (*FOV*) bei 2100mm eine Detektorgröße von 5,75mm (`2,75mrad / 1000 * 2100`) und damit eine minimale Messfeldgröße von 17,25 x 17,25mm.

Als nächstes wollen wir uns das Field of View (*FOV*) an einem Beispiel ansehen. Dieses bestimmt, wie bereits gesagt, wie groß der Bildausschnitt ist, auf den sich die Messpunkte verteilen:

Vergleichen wir dazu zwei Kameras:

Hikmicro B20 - FOV: 37° x 50°

Hikmicro M10 - FOV: 25° x 19°

Beide Thermogramme wurden mit identem Abstand aufgenommen. Wie Sie sehen ist die B20 trotz der deutlich höheren Auflösung (*256x192 Pixel*) auch viel weit-winkeliger und bildet deutlich mehr Raum rund um die Platine ab. Bei der M10 (*160x120 Pixel*) passt die Festplatte nicht mal ganz in das Bild bei den ca. 30cm Abstand.

Damit relativiert sich der Unterschied in der Auflösung wieder denn trotz der geringeren Auflösung verteilen sich die Messpunkte auf eine deutlich kleinere Fläche.

Damit kommen wir auch zu einem weiteren wichtigen Faktor - dem minimalen Arbeitsabstand bei dem ein Objekt noch scharf abgebildet werden kann.

Vergleichen wir wieder die zwei Kameras:

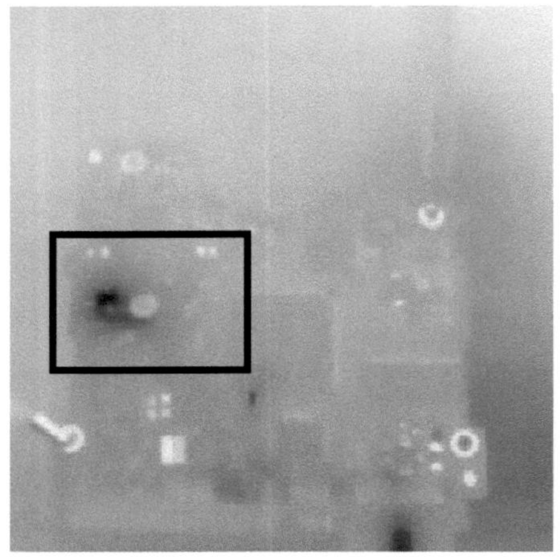
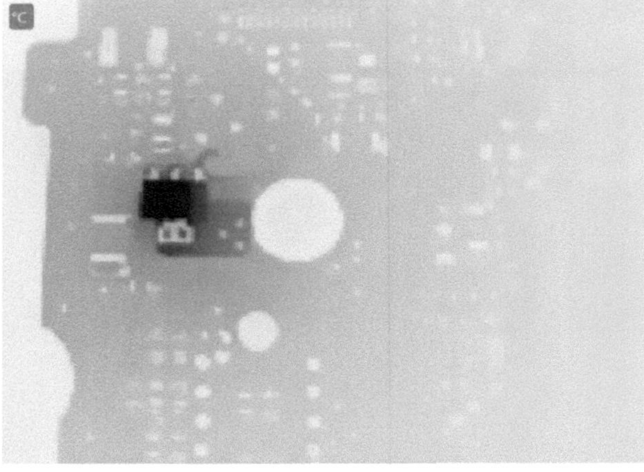

Hikmicro B20 – ca. 15cm

Hikmicro M10 – ca. 8cm

Der deutlich geringere Arbeitsabstand und das engere FOV ermöglicht es bei der M10 einen kleinen Teil der Platine abzubilden und damit werden einzelne Bauteile sehr detailreich dargestellt. Man kann sogar erkennen, dass der hier gezeigte Kurzschluss von linken zum mittleren Pin des Bauteils geht.

Bei der B20 habe ich den Ausschnitt der M10 zur Orientierung markiert.

Wollen wir ganze Räume thermografieren, anstatt kleine Platinen, dann erweist sich ein größeres FOV deutlich nützlicher. Mit einer Hikmicro M10 müssten wir viel weiter zurück gehen um zB eine ganze Wand auf das Bild zu bekommen. Eine Hikmicro B20 oder Pocket2 oder InfiRay C210 hätten hier den Vorteil, dass das weitwinkeligere Objektiv keinen so großen Arbeitsabstand erfordert.

Außerdem führt beim gleichen abgebildeten Bereich die höhere Auflösung dazu, dass wir kleinere Bildteile genau messen können.

Das FOV hat aber auch Sicherheitsaspekte - ich würde ungern ein Objekt das unter Hochspannung steht aus nächster Nähe thermografieren. Ein entsprechend enges FOV erlaubt es einen größeren Abstand zum Objekt einzuhalten.

Wenn die Kamera weder einen sehr enges FOV hat noch Makroaufnahmen erlaubt kann man sich auch mit einer einfachen Vorsatzlinse behelfen.

Diese darf nicht aus Glas sein - ideal eignen sich ZnSe-Fokuslinsen wie sie in Lasercuttern verwendet werden mit 50.8mm Brennweite.

Je nach Kamera-Modell gibt es bereits fertig designte 3D-druckbare Halter um diese Linsen an der Wärmebildkamera zu befestigen - zB:

https://www.thingiverse.com/thing:5397821

Die Ergebnisse sind wirklich beeindruckend – Hikmicro Pocket2 + 50,8mm Nahlinse:

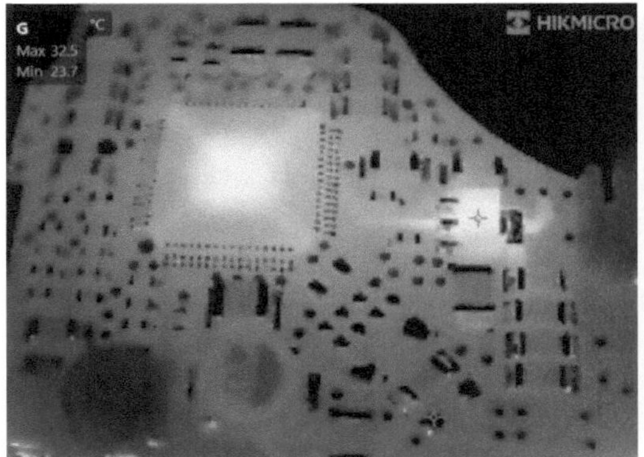

Platine eine Festplatte

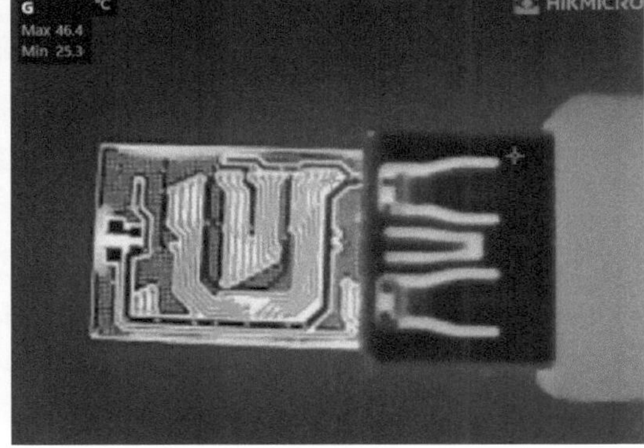

USB-Stick ohne Schutzhülle

Wir erhalten durchaus beachtliche Nahaufnahmen die sich vor viel teureren Kameras nicht zu verstecken brauchen und wenn wir dies zur Kurzschlusssuche verwenden oder aus anderen Gründen, bei denen die genaue Temperaturmessung nicht wichtig ist, dann ist diese Bastellösung kein Problem.

Sollten wir allerdings darauf angewiesen sein, auch Temperaturmessungen vorzunehmen dann ist dieser Hack etwas problematisch. Jede Linse und jedes Material das wir vor das eigentliche Objektiv klemmen, verändert nicht nur die optische Leistung, sondern auch die Messwerte!

Ich habe dazu folgenden kleinen Versuch gemacht:

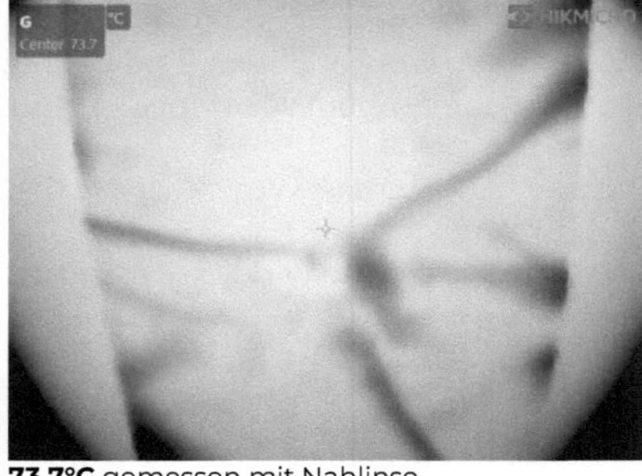

74,7°C gemessen ohne Nahlinse   **73,7°C** gemessen mit Nahlinse

Die Nahlinse erlaubt uns einen viel engeren Bildausschnitt abzubilden aber die Temperaturmessung ist in diesem Versuch um genau 1°C oder ca. 1,34% falsch.

Ob sich dieser Fehler mit höheren Temperaturen steigert, kann ich nicht beurteilen, genau so wenig wie ich sagen kann, ob diese Werte für die Linsen aller möglichen Hersteller gelten. Sie müssen in diesem Fall einfach selbst einen Versuch durchführen.

Dazu erkläre ich Ihnen den Aufbau. Ich habe eine Tasse mit einem Klebestreifen, dessen Emissionswert (Ɛ 0,80) bekannt ist, beklebt. Danach habe ich diesen Emissionswert an der Kamera eingestellt, die Tasse mit kochendem Wasser gefüllt und ein paar Minuten stehen lassen, damit sich die Tasse durchgehend erwärmt.

Danach habe ich die oben gezeigten Thermogramme mit und ohne Nahlinse aufgenommen. Zwischen den Aufnahmen lagen nur wenige Sekunden und daher ist das Abkühlen der Tasse nicht für den Temperaturunterschied verantwortlich.

Ich habe ebenfalls versucht an der gleichen Stelle zu messen und dazu habe ich mich an den sichtbaren Falten orientiert.

Wenn wir nun die +/- 2% der Kamera selbst mit einbeziehen haben wir einen gesamten Messfehler von bis zu ca. +/- 3,5%. Je nach Anwendung kann das auch noch im Rahmen sein.

Ob sich der Messfehler bei höheren oder tieferen Temperaturen verändert oder nicht können wir auf die gleiche Weise wie oben gezeigt testen. Bei extremen Temperaturen ist dieser Hack natürlich nicht brauchbar denn sie werden die Kamera bei mehreren hundert Grad heißen Objekten kaum auf 5 - 8cm Abstand heranbringen. Da würde ihnen abgesehen vom Halter die ganze Kamera weg-schmelzen.

Eine weitere wichtige Eigenschaft ist die Frame-Rate mit der die Kamera arbei-tet. Diese ist nicht nur wichtig um flüssiger arbeiten zu können, sondern auch um schnellere Bewegungen einzufrieren:

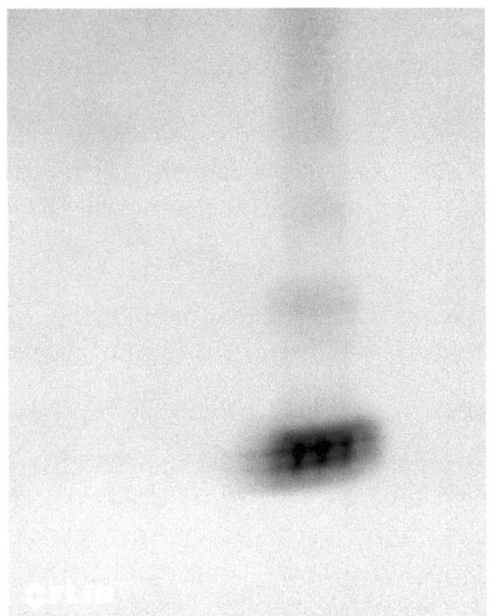

Verschwommenes Bild bei 9Hz.

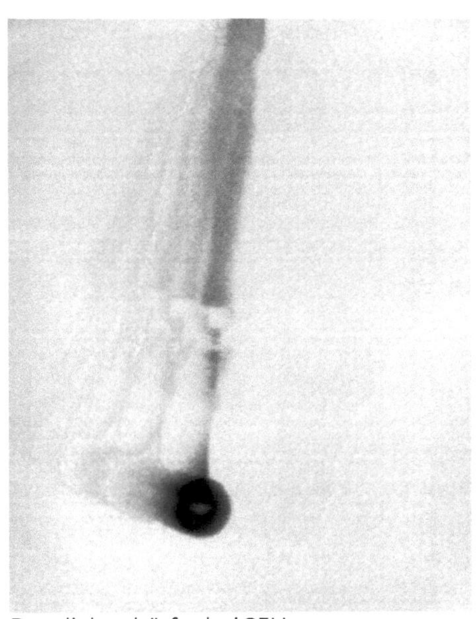

Deutlich schärfer bei 25Hz

Die meisten Kameras haben einen Verschluss. Das ist ein mechanisches Bauteil, dass den Sensor kurz verdeckt um ihn zu kalibrieren. Das bedeutet aber auch, dass die meisten Kameras alle paar Sekunden (*15, 20 oder 30*) für ca. eine Se-kunde einfrieren um diese Kalibrierung vorzunehmen!

Wenn der Sensor im Betrieb ist, erwärmt er sich und damit steigt das Rauschen. Darum wird der Sensor in periodischen Abständen vom Verschluss verdeckt. Der Verschluss ist ein möglichst idealer Strahler, von dem die Kamera eine ein-heitliche Temperatur lesen soll.

Auf Basis der gelesenen Daten bei der Kalibrierung können dann Korrektur-werte für die einzelnen Pixel ermittelt werden, die dann auf die folgenden Auf-nahmen angewendet werden.

Dies wird dann laufend alle paar Sekunden wiederholt.

Eine Kamera ohne Verschluss nutzt einen Algorithmus um diese Korrekturwert zu errechnen. Dies ist nicht ganz so genau aber die Kamera kann unterbre-chungsfrei benutzt werden.

Für die meisten Anwendungen kann das völlig egal sein aber wenn Sie sehr oft auf einen bestimmten Moment warten müssen um ein Wärmebild aufzuneh-men, dann kann ein Verschluss und die damit verbundenen Aussetzer zum Ka-librieren eine nervenraubende Eigenschaft sein!

Ein weiterer wichtiger Faktor ist die Software zur Analyse der Thermogramme. Je nach dem was Ihr Anwendungsgebiet ist, ist es erforderlich einen Bericht oder eine Dokumentation zu erstellen.

Analyse-Software erlaubt es radiometrische Bilder auszuwerten und Dinge wie die Palette, den Emissionsgrad oder die reflektierte Temperatur nachträglich noch anzupassen.

Außerdem können wir in den Programmen die Temperaturwerte jedes einzel-nen Pixels auslesen. So können wir Messungen an bestimmten Punkten, ent-lang einer Linie oder innerhalb eines Rechtecks nachträglich vornehmen. Meist können wir auch Marker für den heißesten und kältesten Punkt nachträglich ein- und ausblenden. Darüber hinaus fungiert die Analysesoftware meist auch als Tool zur Bildverwaltung und sie erlaubt es Anmerkungen und Notizen zu Bil-dern hinzuzufügen.

Flir, Fluke, Hikmicro und InfiRay bieten eine kostenlose Analysesoftware für den PC. Seek erlaubt es Analysen direkt auf der Wärmebildkamera zu machen, hat aber keine eigene Software zu bieten.

Es kommt aber nicht nur darauf an ob Software geboten wird oder nicht – Ich habe für dieses Buch Thermal Studio von Flir, Hikmicro Analyzer und den Camara Controller von InfiRay ausprobiert.

Alle drei Programme können Bilder verwalten, analysieren und einen Bericht exportieren. Wobei sich das Tool von InfiRay eher nach Beta-Software anfühlt und einige Ecken und Kanten hat. So werden Datums- und Zeitangaben auf den Bildern verändert und nach der Bearbeitung sieht man den Zeitpunkt der Bearbeitung auf den Aufnahmen und nicht mehr den Zeitpunkt an dem die Thermogramme angefertigt wurden.

Das wäre für mich ein absolutes No-Go und ich hoffe, dass dies in neueren Versionen geändert wird! Die Programme von Hikmicro und Flir fühlen sich deutlich professioneller an.

Wenn Sie sich für eine andere Marke interessieren, müssen Sie selbst recherchieren, ob eine Analysesoftware zur Verfügung steht, wenn Sie die oben genannten Funktionen brauchen.

Radiometrische Bilder ist auch gleich das nächste wichtige Stichwort - nicht jede Kamera speichert alle Messwerte im Bild ab. Radiometrische Bilder beinhalten jeden gemessenen Wert jedes Pixels und erlauben eine nachträgliche Bearbeitung und Analyse.

Ohne radiometrische Daten im Bild selbst oder in einer separaten Zusatzdatei kann man nachträglich zwar einen Report erstellen aber nicht mehr zusätzliche Messungen vornehmen oder die Palette ändern oder feintunen!

Ein weiterer wichtiger Punkt kann Support sein - je nach dem wozu man die Kamera nutzt, kann es hilfreich sein auf den Support eines Herstellers Zugriff zu haben. Flir, Fluke, Hikmicro und Seek bieten ein entsprechendes Händlernetzwerk und einen entsprechenden Support, wenn es Fragen zu bestimmten Effekten oder speziellen Problemen gibt.

Damit einher geht auch das Service - die Abwicklung eines Garantiefalles mit einem Händler vor Ort ist in der Regel unproblematischer als mit einem Onlinehandler in Übersee…

Je nach Anforderungen müssen Kameras auch kalibriert sein und jährlich neu kalibriert werden. Dazu bedarf es eines entsprechenden Netzwerks an Servicepartnern, die diese Dienstleistung anbieten.

Die Größe der Kamera ist ein weiterer entscheidender Faktor - **Chase Jarvis** sagte:

Eine Hikmicro M10 ist eine klassische Pistolengriff-Kamera und wird mit einem sehr stabilen Transportkoffer geliefert. Ein Servicetechniker wird aber nicht unbedingt jeden Tag einen weiteren mittelgroßen Koffer mit sich herumtragen wollen.

In diesem Sinne wäre eine Flir C5, Hikmicro Pocket2, InfiRay P200 oder Seek Shot Pro eine idealere Kamera, denn diese Modelle sind so groß wie ein Smartphone und ca. doppelt so dick. Damit passen Sie samt kleiner Schutzhülle leicht in die Seitentasche eines Werkzeug- oder Einsatzkoffers.

Noch kompakter sind kleine Aufsteck-Kameras für Mobiltelefone wie zB Infisense P2, Flir One, Seek Compact, Hikmicro Mini1, ...

Allerdings bin ich kein Freund dieser Lösung - zwar erlaubt es eine derartige Aufsteckkamera Wärmebilder direkt über das Telefon zu versenden oder direkt nachzubearbeiten und einen Report zu erstellen aber es birgt auch Risiken. Es gibt viele Einsatzfälle wo man mit einer Thermokamera auf Leitern herumklettert oder andere Gelegenheiten der Aufsteckkamera einen Schlag zu verpassen und da diese nur durch den USB-Port gehalten wird, ist die Kamera und das Telefon permanent in Gefahr beschädigt zu werden!

Viele Kameras haben heute schon WiFi eingebaut und so kann man drahtlos die Daten von einer C5, Pocket2, P200 oder Shot Pro auf das Telefon übertragen. Diese Kameras sind für die einhändige Bedienung ausgelegt, teilweise rutschfest gummiert und mechanisch so gebaut, dass Sie auch einen kleinen Sturz überleben und mit Regen oder Spritzwasser klarkommen.

Zu guter Letzt ist auch der Temperaturbereich entscheidend - für einen Elektroniker wird sich der Aufpreis, um bis zu 1500°C Messen zu können, kaum lohnen. In anderen Bereichen werden die maximal 300°C - 550°C der Einsteiger-Modelle zu wenig sein...

Apropos maximale Temperatur – meist haben Kameras zwei Messbereiche. Die Pocket2 von Hikmicro hat beispielsweise die Bereiche -20 bis 150°C und 100 bis 400°C.

Eine C210 von InfiRay hat die Einstellung "high gain" und "low gain".

Dies entspricht -20 bis 150°C und 150 bis 550°C.

Vergleichen wir nun was passiert, wenn wir mit zwei unterschiedlichen Kameras eine Messung vornehmen bei der der Temperaturbereich überschritten wird:

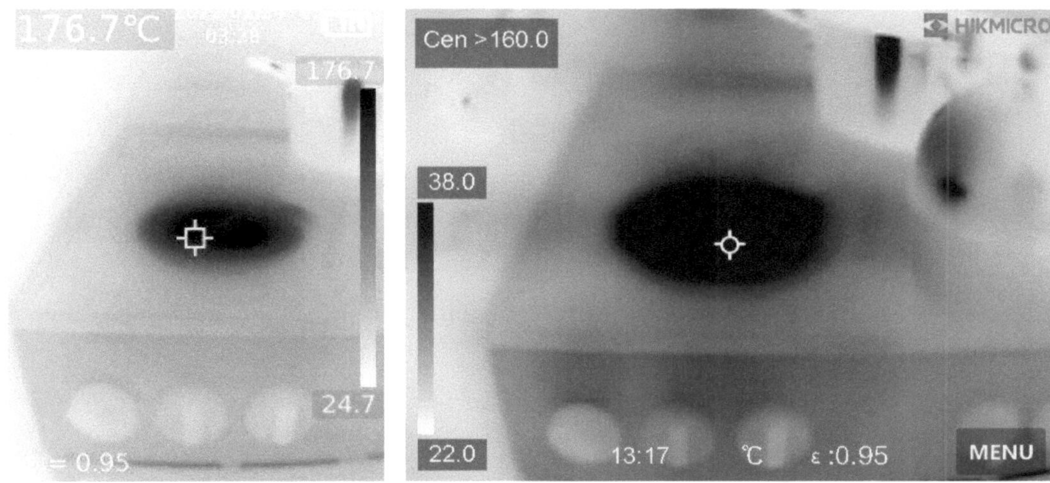

Wenn wir ein Objekt messen, dass einen höheren Temperaturbereich hat, bleibt die C210 auf 176,7°C stehen und wir wissen nicht klar ob dies nun der tatsächliche Temperaturwert ist oder ob dies nur der Maximalwert ist den die Kamera ermitteln kann und die eigentliche Temperatur ist höher.

Hikmicro kommuniziert dies eindeutig mit der Anzeige von > 160°C!

Derartige Dinge können sich fatal auswirken, wenn wir so etwas nicht gleich bei der Aufnahme merken, können wir im Nachhinein nichts mehr tun und wir müssen die Aufnahmen erneut mit den richtigen Einstellungen machen.

Noch viel schlimmer ist es, wenn etwas Derartiges übersehen wird und wir den angezeigten Wert als korrekt gemessen ansehen und wir somit auf Basis falscher Informationen ein Wärmebild interpretieren.

THERMOGRAFIE-GRUNDLAGEN

Als erstes sollten wir kurz klären, wozu Thermografie eigentlich eingesetzt werden kann - unter anderem wären hierbei die folgenden Bereiche zu nennen:

> Technische (*zerstörungsfreie*) Prüfungen / Analysen

> Medizinische Diagnostik

> Suche nach Personen im Gelände (*Rettungsdienst, Grenzschutz, Polizei, ...*)

> Orientierung und Personensuche in brennenden Gebäuden

Hierbei hat die Thermografie folgende Vorteile:

> Eine IR-Kamera misst berührungslos und damit 100% hygienisch und ohne jegliche mechanische Einwirkung und ohne Spuren zu hinterlassen.

> Die Thermografie ist als bildgebendes Verfahren meist aussagekräftiger und/oder leichter nachzuvollziehen als Tabellen mit Messwerten.

> Thermokameras können schon feine Temperaturunterschiede von 0,05 - 0,1 Kelvin erkennen und selbst günstige Kameras machen schon kleine Temperaturunterschiede von wenigen zehntel Grad sichtbar. So lassen sich oftmals sogar Steher und Stahlträger in Wänden erahnen.

> Mit einer Wärmebildkamera können wir aus sicherer Entfernung Messungen vornehmen - zB bei stromführenden oder heißen Teilen.

Elektromagnetische Strahlung

Thermografie kann als berührungsloses Messverfahren bei dem die Intensität der elektromagnetischen Strahlung eines Objekts gemessen wird, definiert werden.

Hierbei gilt, dass jeder Körper mit einer Temperatur oberhalb des absoluten Nullpunkts (*0 Kelvin bzw. -273,15°C*) sendet eine elektromagnetische Strahlung aus. Für die Infrarot-Technik sind Wellenlängen im Bereich über dem sichtbaren Spektrum (*0,38 - 0,76µm*) wichtig.

Die technische Temperaturmessung nutzt den Bereich von 2 - 14µm. Man spricht hierbei auch von thermischem Infrarot denn hier wird der größte Teil der gesamten Wärmestrahlung emittiert.

Die meisten IR-Kameras arbeiten mit den Wellenlängen von 8-14µm (*langwelliges IR bzw. LW*). Sehen wir uns verschiedenste Temperaturen und deren Strahlung an:

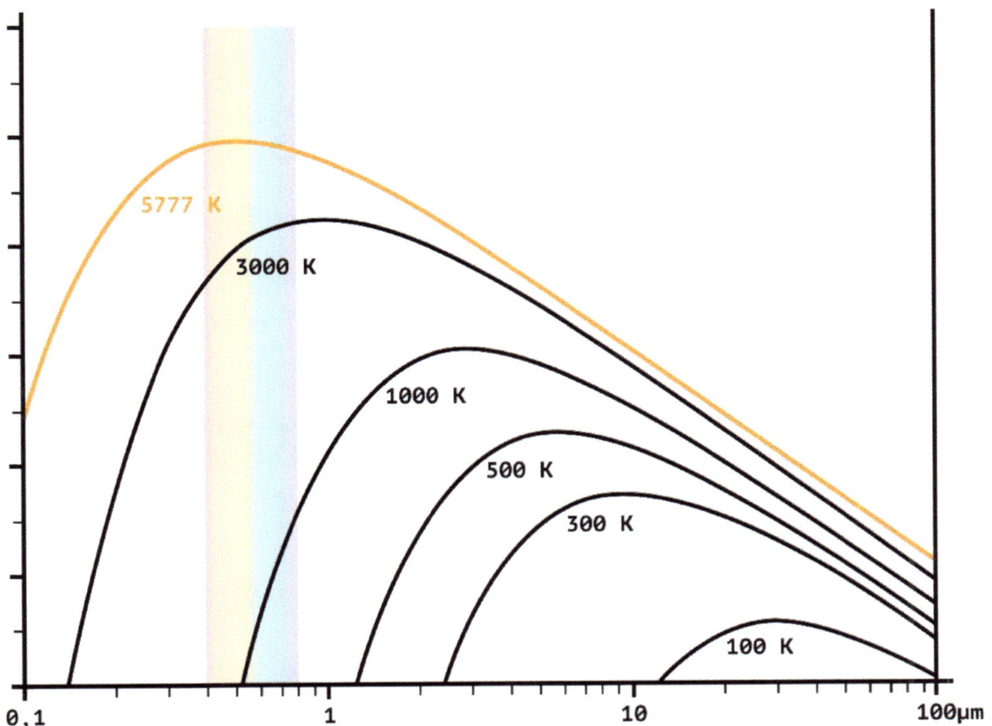

Diese vereinfachte Darstellung des Planckschen Strahlungsspektrums zeigt verschiedenste Temperaturen wie zB die Sonne mit 5777 Kelvin. Wir sehen hier zB, dass die Sonne die höchste Ausstrahlung im sichtbaren Spektrum besitzt, aber dennoch im langwelligen IR-Bereich (*8-14µm*) noch sehr kräftig strahlt.

3000 Kelvin entspricht in etwa einem Wolfrahmfaden eine Glühbirne und 1000 Kelvin ist die Schmiedetemperatur von Messing, Kupfer und Bronze. Das Diagramm zeigt auch, dass heiße Metalle schwach im visuellen Spektrum strahlen - das allseits bekannte Glühen von heißem Metall.

Wir sehen auch, dass je heißer das Metall ist umso heller Strahlt es im visuellen Spektrum. Damit hätten wir auch geklärt warum Wolfram als Glühdraht Verwendung fand und nicht beispielsweise Messing oder Kupfer.

Unsere Körpertemperatur von 37°C entspricht ca. 310 Kelvin und damit strahlen unsere Körper zwischen 5 und 15µm am stärksten. Darum sind Wärmebildkameras bei der Suche nach Personen auch so effektiv.

Sehr kalte Stoffe wie beispielsweise flüssiger Sauerstoff (*90 Kelvin*) oder flüssiger Stickstoff (*77 Kelvin*) strahlen im Bereich der 20-50µm an stärksten.

Sie sehen, dass das Maximum an Strahlkraft zwar von der Temperatur abhängt, aber dennoch wird ein recht weiter Bereich mit unterschiedlich intensiver Strahlung abgedeckt.

Das erklärt auch warum Wärmebildkameras mit einem größeren Temperaturbereich tendenziell auch deutlich teurer sind.

Abgesehen von der Temperatur beeinflusst ein weiterer Faktor die Menge der abgegebenen Strahlung.

Verschiedene Materialien haben unterschiedlichste Emissionsgrade. Der sogenannte Emissionsgrad (ϵ) gibt an wie gut oder schlecht ein Material Wärmestrahlung abgibt. Er ist ein Wert zwischen 1 und 0 und kann als Prozentangabe verstanden werden.

Infrarotstrahlung eines Objektes setzt sich aus drei Teilen zusammen:

1. Die abgestrahlte Wärme eines Objektes,

2. die reflektierte Strahlung der Umgebung und

3. die Infrarotstrahlung die das Objekt durchdringt (*falls es IR-Strahlung durchlässt*).

Der so genannte Emissionsgrad (ε) gibt an wie das Verhältnis zwischen Abgestrahlter und reflektierter Strahlung ist. Um dies besser zu verstehen sehen wir uns zuerst an wie sich ein Becher aus glänzendem Metall verhält:

Spiegelnder Metall-Becher

Aufgeklebtes Kreppband

Spiegelung der Hand

Für dieses Experiment habe ich heißes Wasser aus der Leitung in einen metallischen Becher gefüllt und diesen eine gute Minute stehen lassen damit sich der Becher auch entsprechend erwärmt. Warum wir kurz warten müssen erfahren wir im Abschnitt "Thermische Trägheit".

Wir sehen im ersten Thermogramm, dass uns ca. 26°C angezeigt werden. Dies ist nicht etwa die Oberflächentemperatur, sondern die reflektierte Temperatur der Umgebung! Dieser Becher hat einen geschätzten Emissionsgrad von 0.05 – 0.10, was im Umkehrschluss bedeutet, dass 90-95% der Abstrahlung aus Reflektion besteht und nur 5-10% die eigene Wärmestrahlung des Metalls wäre.

Im dritten Thermogramm sehen wir auch gut, dass sich die Hand perfekt im Becher spiegelt und die Grauwerte sagen uns, die Reflektion nahezu ident warm wirkt.

Das zeigt uns aber auch, dass wir so nicht ordentlich Messen können. Ergebnisse aus denen wir 90-95% "Rauschen" herausrechnen müssen um dann Daten aus den verbleibenden paar Prozent an Information zu ziehen können nicht passen.

Wir sehen auch anhand der viel dunkleren Schattierung, dass der Inhalt des Bechers viel heißer sein muss als die Thermogramme vermuten lassen. Metall ist ein sehr guter Wärmeleiter und daher sollte der Becher eigentlich durchgehend Schwarz angezeigt werden.

Die Lösung für dieses Problem sehen wir im mittleren Thermogramm. Hier habe ich einen Streifen Mahler-Kreppband auf den Becher geklebt. Dieses hat einen Emissionswert von 0,80 und ist damit in der Mitte des Bereichs den ich für eine aussagekräftige Messung empfehlen würde! Bei Emissionsgraden von weniger als 0,60 würde ich mit derartigen Hilfsmitteln arbeiten.

Viele Thermografen verwenden in solchen Fällen spezielle Aufkleber oder schwarzes Isolierband. Ich brauche oftmals Thermogramme von Rechnern und Servern und schwarzes Isolierband (ε 0,95) würde bei längerem Kontakt mit recht warmen Kühlkörpern einen klebrigen Film hinterlassen den ich reinigen müsste. Das ist bei Kreppband nicht der Fall.

Da ich Thermografie eher visualisierend einsetze und nicht zur exakten Temperaturmessung kann ich gut damit leben, dass ich eventuell ein wenig Genauigkeit einbüße. Wem dies nicht behagt, der kann Emissionsaufkleber (ε 0,95) in Packungen zu 100, 500 oder 1000 Stück um ein paar Euro kaufen.

Der Emissionsgrad hat allerdings keinen Einfluss auf die bildliche Darstellung:

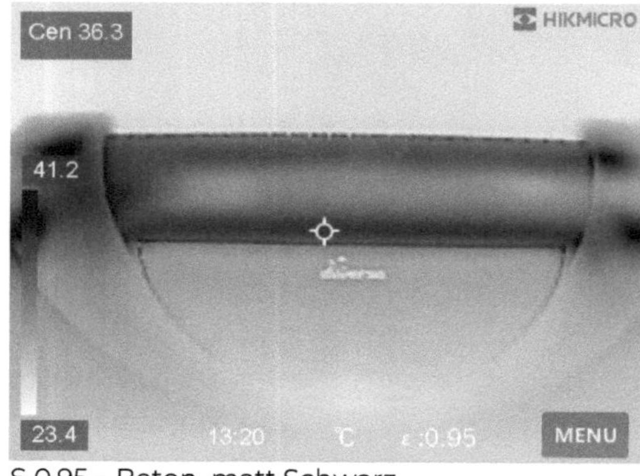

ε 0,95 – Beton, matt Schwarz, …

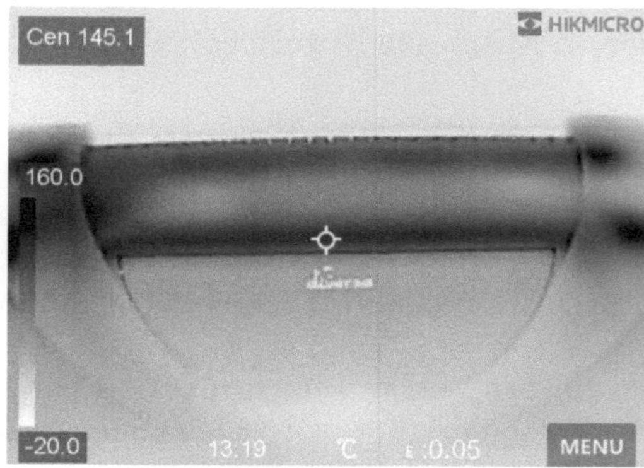

ε 0,05 - spiegelndes Metall

Wir sehen hier zwei Messungen der Abdeckung unseres Aquariums. Bei der linken Messung wurde der Emissionsgrad 0,95 gewählt, was einem nahezu idealen Strahler entspricht. Diesen habe ich nicht exakt ermittelt, sondern nur geschätzt da wir hier keine absolut exakte Temperaturmessung benötigen.

Das rechte Thermogramm sieht optisch ident aus, der Emissionsgrad von 0,05 ist aber völlig falsch. Das zeigt sich an den Messwerten deutlich denn wären die Neonröhren tatsächlich so warm, dass am Deckel 145°C gemessen werden, wären die Fische bereits gekocht. Abgesehen davon wäre eine Wand direkt neben einer so starken Wärmequelle sicherlich nicht -20°C kalt.

Der linke Messwert mit ca. 36°C deckt sich hingegen mit der Tatsache, dass die Fische sich bester Gesundheit erfreuen.

Hier habe ich bewusst zwei stark unterschiedliche Werte benutzt um einen möglichst großen Temperaturunterschied zu erhalten. Das dies aber nur ein Wert ist mit dem die Software rechnet sieht man wenn man den Emissionswert mit dem Analysetool von 0,05 auf 0,95 verändert:

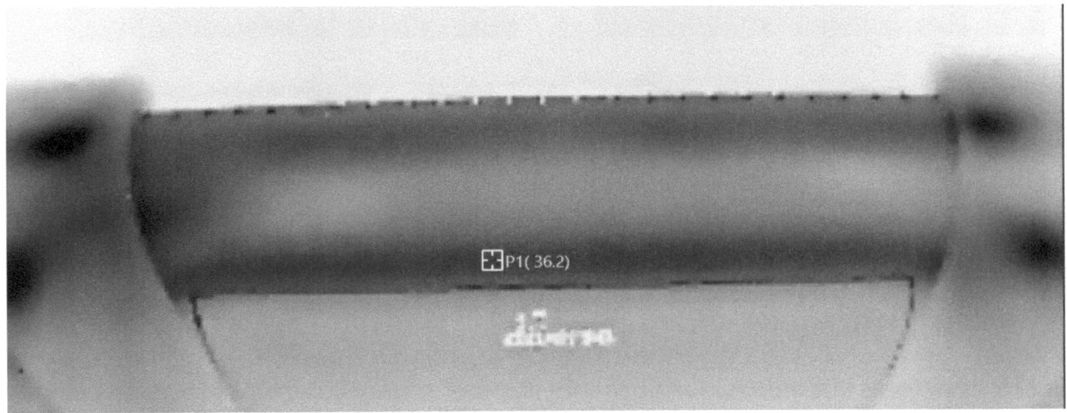

Nun messen wir auch hier ca. 36°C.

Den Emissionsgrad muss man an der Kamera neben anderen Parametern richtig einstellen, um korrekte Messergebnisse zu erhalten. Wie Sie oben sehen, hat der Emissionsgrad keinerlei Einfluss auf die optische Darstellung, sondern nur auf die Temperaturskala und die Messwerte.

Ein Thermogramm braucht einen Temperatur-Kontext und muss interpretiert werden - sehen wir uns dazu ein Beispiel an:

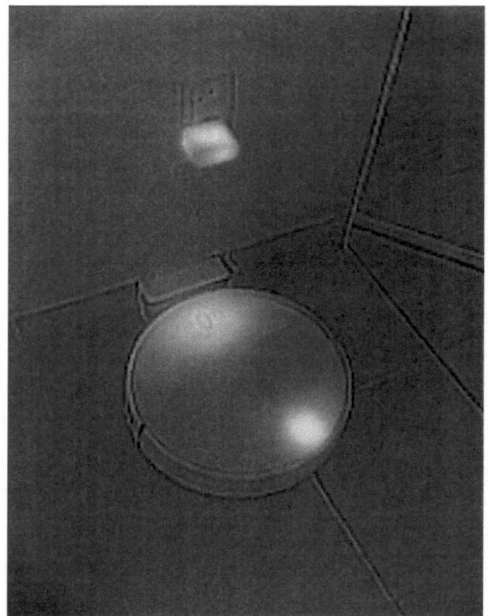

Ohne Temperaturkontext

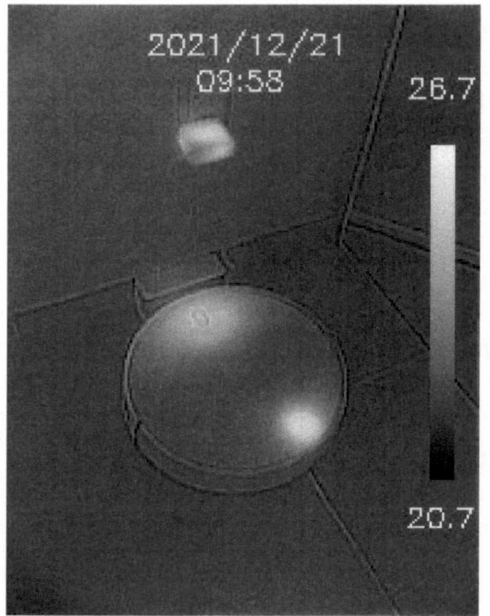

Mit Temperaturkontext

Wenn wir das linke Bild betrachten, könnte man beinahe befürchten, dass der Staubsaugroboter jeden Moment abbrennen könnte. Die Temperaturskala im rechten Bild rückt die Darstellung in den richtigen Kontext und zeigt uns, dass wir hier Werte zwischen 20,7°C und 26,7°C betrachten und keine akute Brandgefahr besteht.

In weiterer Folge werde ich dies zwar selbst in dem Buch missachten, allerdings nur bei Beispielen, bei denen die Temperaturen nichts zur Aussage beitragen. Ich mache dies vor allem, damit nichts von der eigentlichen Aussage des Bildes ablenkt.

Aber selbst die Temperatur selbst sagt noch nichts über den Zustand der gezeigten Geräte aus, erst die Interpretation der Temperaturen mit dem nötigen Fachwissen sagt uns, dass alles OK ist. Na gut, bei diesem Beispiel und den hier gezeigten Temperaturen ist dies auch jedem Laien klar aber bei vielen anderen Beispielen wie Gebäuden oder diversen Maschinen braucht es entsprechendes Fachwissen und teilweise ergänzende Prüfungen um Thermogramme richtig zu interpretieren!

Sucht man in Gebäuden zB nach Wasserschäden kann man diese in der Regel als kühlere Stellen bei Thermogrammen erkennen. Ob es sich tatsächlich um eine furchte Stelle handelt, kann dann zB mit einem Feuchtemessgerät oder durch eine Bauteilöffnung verifiziert werden.

Ich will Ihnen an dieser Stelle einige Richtwerte für Emissionsgrade geben - sie finden im Internet aber einige deutlich umfangreichere Tabellen mit Emissionsgraden für die verschiedensten Materialien. Eine kurze Tabelle mit einigen gängigen Materialien finden Sie auch im Anhang dieses Buches.

Umfangreiche Tabellen sind schwer zu merken und nicht jede Kamera beinhaltet eine Liste mit gängigen Materialien in ihren Menüs. Darum will ich Ihnen an dieser Stelle eine extrem grobe Tabelle mit wenigen Werten die man sich merken kann mit auf den Weg geben:

matte Oberfläche	**0,95**	semi-glänzende Oberfläche	**0,60**
semi-matte Oberfläche	**0,80**	glänzende Oberfläche	**0,30**

Diese vier Werte kann man sich leicht einprägen und auch wenn die Temperaturmessung damit nicht perfekt wird, bekommen wir einen ungefähren Wert, der für viele Anwendungen ausreichen wird.

Sehen wir uns dazu folgendes Beispiel an:

ε 0.,60 (semi-glänzend)

ε 0,95 (matt)

Laut den S.M.A.R.T. - Werten der Festplatte ist die Innentemperatur 31°C und das deckt sich mit den gemessenen Werten nahezu perfekt.

Wenn Sie also nur ungefähre Werte benötigen, können Sie in vielen Fällen mit Schätzungen und Richtwerten aus Tabellen arbeiten.

Wenn es auf exakte Werte ankommt, müssen Sie den Emissionsgrad eventuell selbst ermitteln. Wie das geht, lernen wir in einem späteren Kapitel.

Dazu will ich allerdings noch anmerken, dass Thermografie meist nur die Oberflächentemperatur messen kann, denn die meisten Materialien sind nicht durchlässig für Infrarotstrahlung.

Wir sehen also nicht die Wärme im Inneren der HDD sondern nur wie stark die Oberfläche des Gehäuses aufgeheizt wurde! Entgegen dem was uns diverse Kriminiserien und Hollywood-Produktionen weismachen wollen, entspricht Thermografie nicht Superman's Röntgenblick!

Es gibt jedoch einige Materialien, die IR-Strahlung durchlassen - dazu zählen:

> Dünne Kunststofffolien (*abhängig von der Dicke und dem Material, Acrylglas ist zB nicht durchlässig*)

> Nebel und Rauch (*darum werden IR-Kameras auch zur Brandbekämpfung eingesetzt*)

> Germanium *(typisches Linsenmaterial für LW-Kameras)*

Ich habe mich hier nur auf Stoffe konzentriert, die für langwellige Infrarot-Strahlung (*8-14µm*) durchlässig sind.

Kurz- und mittelwällige Strahlung im Bereich von 2 - 6µm kann diverse weitere Materialien wie verschiedenste Gase, Quatz, Saphier und Silizium durchdringen. Dies ist für uns allerdings nicht von Bedeutung, da wir mit den zuvor genannten günstigen Einsteiger-Modellen ohnehin nur den langwelligen Bereich erfassen können!

Probleme bei der Thermografie

Wenn Sie ein Thermogramm aufnehmen, spielen viele Faktoren mit hinein, wenn es darum geht eine richtige Temperaturmessung zu erhalten.

Sehen wir uns dazu an, was eine Messung beeinflusst:

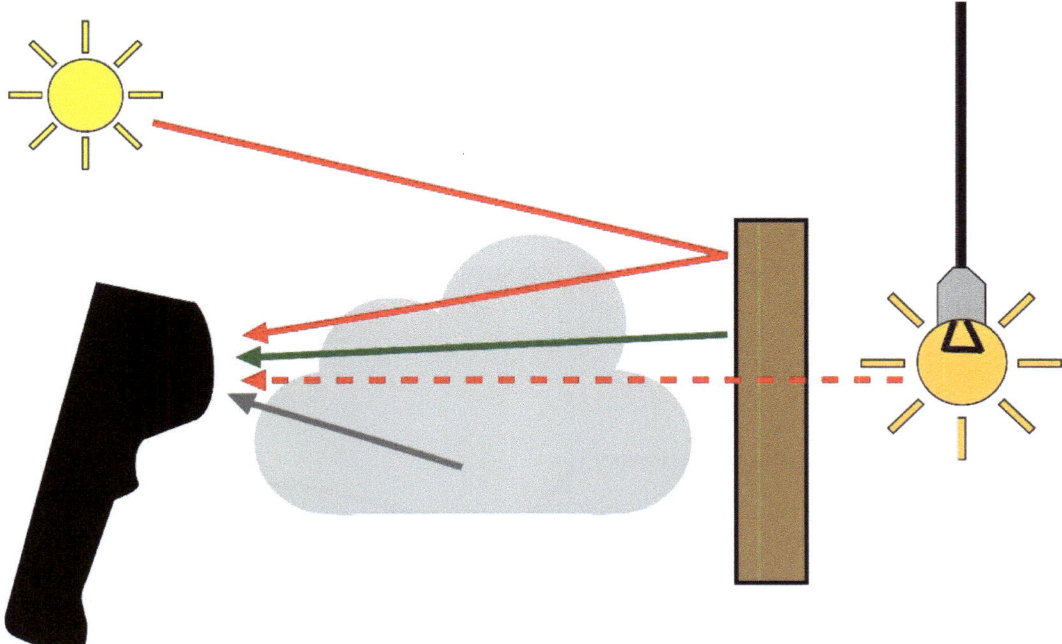

Hier sehen wir den Versuch das braune Objekt zu messen. Hierbei verfälscht Stöhrstrahlung (*rot*) das Ergebnis. Diese Stöhrstrahlung setzt sich aus reflektierter IR-Strahlung (*durchgezogene Linie*) und das Objekt durch-dringender Strahlung (*gestrichelte Linie*) zusammen.

Wobei die meisten Materialen keine Infrarotstrahlung durchlassen und daher kann diese Komponente in fast allen Fällen ignoriert werden!

Die IR-Abstrahlung des Objektes wird hier in Grün dargestellt.

Außerdem besitzt unser Planet eine Atmosphäre (*hier durch eine Wolke ange-deutet*), durch die die verschiedenen Strahlungen hindurchmüssen. Auch die Atmosphäre verfälscht das Ergebnis ein wenig und gibt selbst auch wieder Eigenstrahlung und reflektierte Stöhrstrahlung in einem geringen Maß ab.

Das Erklärt, warum wir an der Kamera die Entfernung, die Umgebungstemperatur und oftmals sogar die relative Luftfeuchtigkeit neben dem Emissionsgrad einstellen müssen.

Die Kamera kümmert sich dann darum, dass alle diese eingestellten Werte in die Berechnung der Messwerte mit einbezogen werden... Diese Werte sind speziell im Bereich der Bauthermografie wichtig, da diese auch für die Berechnung des Taupunktes benötigt werden!

Außerdem gilt es das Strahlungsverhalten von Materialen zu kennen. Ein sehr spezifisches Material ist Glas. Je nach Wellenlänge kann Glas völlig durchsichtig oder auch völlig undurchsichtig sein:

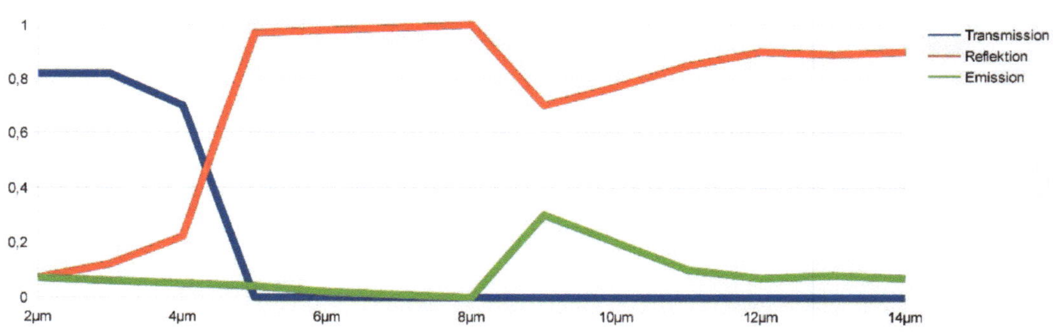

Dieses stark vereinfachte Diagramm basiert auf Daten der **InfraTec GmbH** in Dresden und zeigt gut wie ab ca. 5µm Glas quasi völlig undurchsichtig wird. Da wir uns hier in dem Buch primär um den Bereich der 8-14µm kümmern, können wir uns merken, dass Glas wie ein Spiegel wirkt. Gleiches gilt auch für viele weitere Materialien (*vor allem mit glänzenden Oberflächen*)!

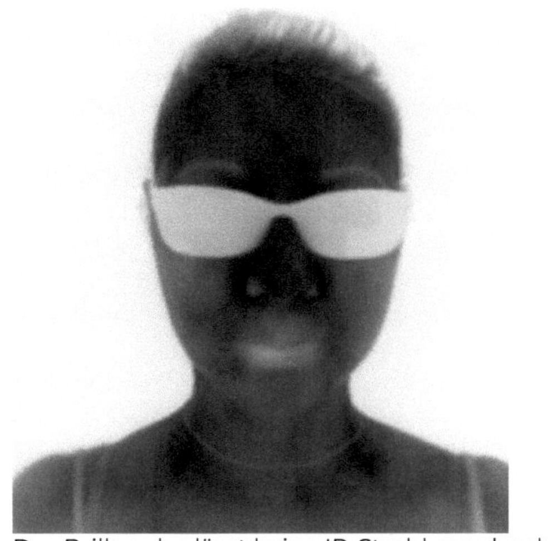

Das Brillenglas lässt keine IR-Strahlung durch...

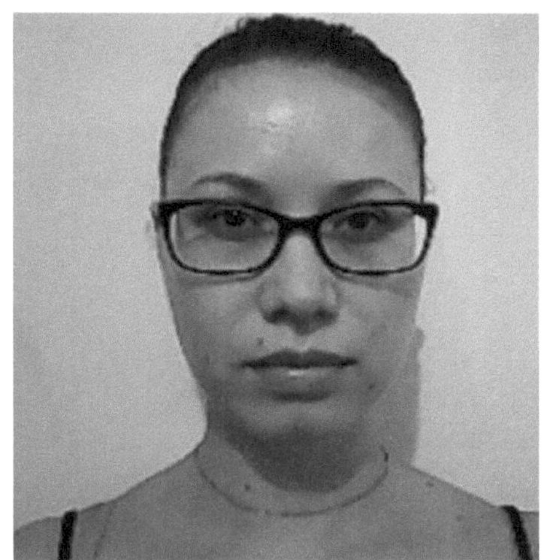

Für die Tageslichtkamera ist es transparent!

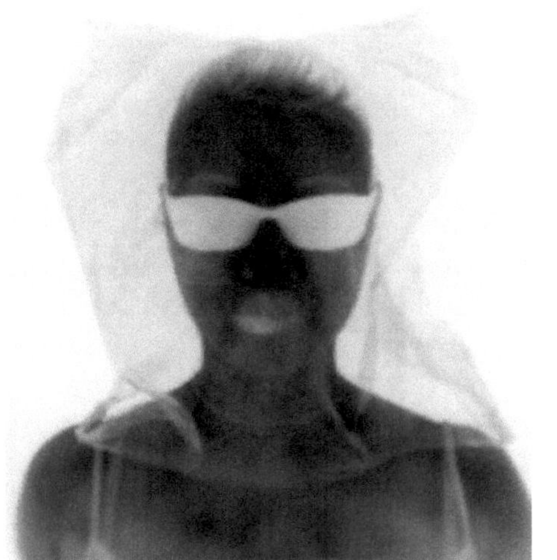

Mit der Plastiktüte ist es genau umgekehrt...

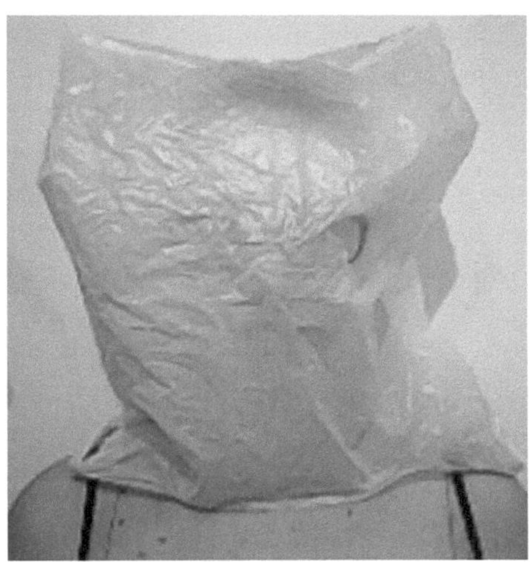

Abgesehen von der Durchlässigkeit für IR-Strahlung gilt es auch Spiegelungen zu erkennen bzw. zu wissen wann man damit rechnen muss. Ob eine vermeintliche Wärmequelle eine Spiegelung ist oder nicht, können wir ganz einfach durch verändern des Winkels testen:

Breite Spiegelung

Schmale Spiegelung

Für diesen Aufbau habe ich eine bedruckte Keksdose mit tiefgefrorenen Lebkuchenteig gefüllt und ca. 2 Minuten gewartet bis die Dose deutlich abgekühlt ist.

Dann habe ich einen heißen Kaffee Latte daneben gestellt. Die mit einem Muster bedruckte Blechdose ist ein semi-guter Strahler und dank der glänzenden Schutzlackierung ein semi-guter Reflektor.

Im ersten Bild sehen wir die Spiegelung in der Dose deutlich aber sie ist bei weitem nicht so hell wie die Kaffeetasse. Daran erkennen wir gut, dass nur ein Teil reflektiert wird. Außerdem macht es die Form der Tasse für den Kaffee Latte recht einfach diese als Spiegelung auf der dunklen Metalldose zu erkennen.

Die zweite Aufnahme entstand nachdem ich einen Schritt nach rechts machte. Dadurch entsteht ein völlig anderer Winkel und die Spiegelung der Tasse ist nur noch ein schmaler Streifen an der Kante der Dose.

Ein echter erwärmter Bereich würde weder verschwinden noch die Position ändern, wenn wir den Kamerastandpunkt verändern. Im Idealfall nimmt man drei Thermogramme aus unterschiedlichen Winkeln auf um sicherzugehen, dass man eine warme Stelle und keine Reflektion vor sich hat.

Vor allem wenn wir mit metallischen Oberflächen arbeiten ist dies wichtig um Fehler zu vermeiden. Man muss natürlich nicht immer die Wärmebilder aufnehmen - es reicht auch sich das Objekt aus drei verschiedenen Blickwinkeln anzusehen.

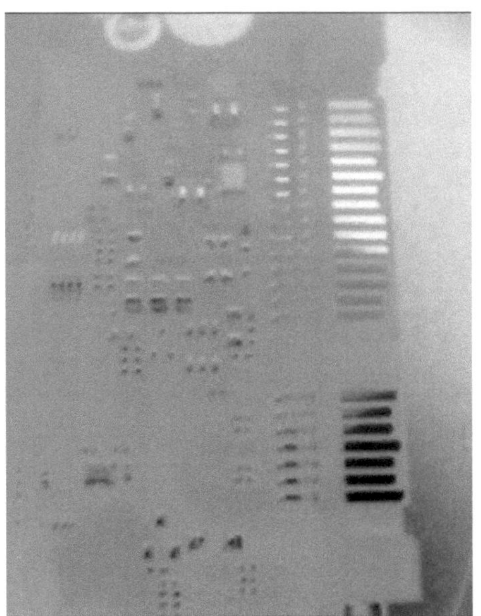

Die Reflektionen der Umgebungstempe-
raturen machen die Lötstellen erst sich-
bar...

Reflektion des Thermografen im Glas der
Haustüre.

Reflektionen können uns aber auch die Orientierung erleichtern. Ohne Reflektionen würden wir auf der Platine einen Großteil der Bauteile und die Lötstellen
gar nicht sehen. Das würde die Orientierung auf dem Wärmebild erschweren.

Im rechten Bild habe ich mich selbst im Glas gespiegelt. Sie müssen also bei
spiegelnden Oberflächen oftmals darauf achten, dass Sie keine Spiegelungen
falsch interpretieren. Im Idealfall sollten Sie Spiegelungen so gut es geht vermeiden. Sie kennen die Materialien vor Ort, wenn sie selbst thermografiert haben, ein anderer der Ihre Wärmebilder ansieht kennt diese nicht und derjenige
könnte eine Spiegelung falsch interpretieren. Denn oftmals sind Spiegelungen
nicht so einfach zu erkennen wie in diesen Beispielen!

Im Gegenteil – ich musste etwas Zeit investieren um Beispiele zu finden bei denen die Spiegelungen so augenscheinlich sind, dass sie keiner großen Erklärung
bedürfen! Vor allem bei Objekten mit komplexen Formen sind Reflektionen
nicht augenscheinlich als solche zu erkennen.

Wärmekapazität

Die Wärmekapazität ist jene Menge an Energie, die ein Objekt in Form von Wärme speichern kann.

Diese errechnet sich aus der Masse und der spezifischen Wärmekapazität je nach Werkstoff. Die spezifische Wärmekapazität schwankt sehr stark je nach Material. Im Anhang 2 finden Sie eine Tabelle mit den verschiedensten Materialien.

Die unterschiedliche Wärmekapazität bewirkt, dass sich verschiedene Stoffe unterschiedlich schnell erwärmen oder abkühlen.

Diesen Effekt kann man nutzen um unter der Oberfläche verborgene Strukturen oder Defekte sichtbar zu machen.

Dies ist zB dafür verantwortlich, dass wir den Füllstand eines Gefäßes sehen können. Hier habe ich zB eine Toilette mit zwei verschiedenen Kameras thermografiert:

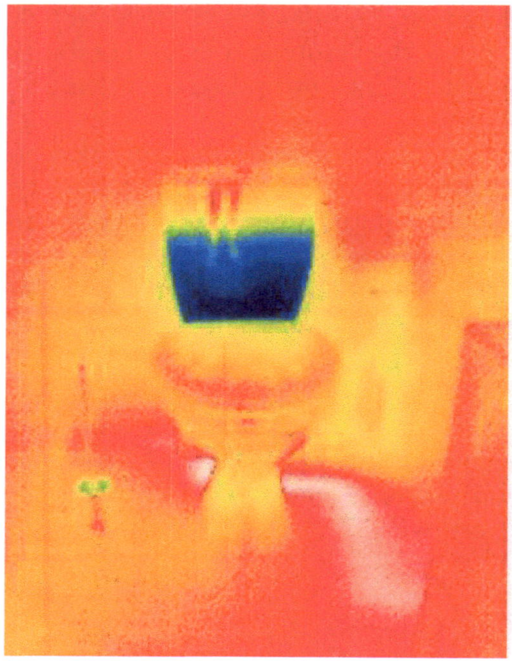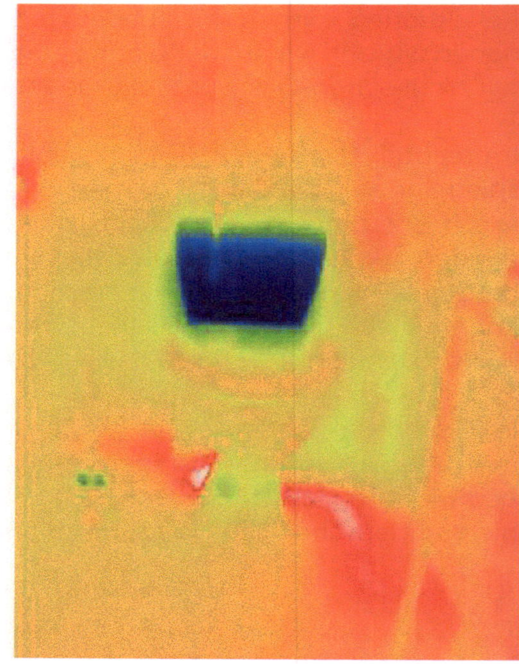

Wir können nicht in den Spülkasten hineinsehen aber wir sehen die Auswirkung des kälteren Wassers, das die Oberfläche des Spülkastens abkühlt, da das Wasser deutlich länger braucht um sich zu erwärmen als die Luft darüber.

Außerdem sehen wir wie der Boden durch eine Zuleitung zu einem Heizkörper stellenweise erwärmt wird.

Weiters können wir aber auch deutliche Unterschiede zwischen den zwei Bildern erkennen. Obwohl beide Kameras 256x192 Pixel Auflösung bieten, sind die Bilder unterschiedlich - dies liegt beispielsweise an:

> Unterschiedliche Sensitivität (*NETD*) der Sensoren.

> Außerdem ist die Kamera mit der das linke Wärmebild aufgenommen wurde etwas aggressiver in der Anwendung der Farbpalette - Stichwort DRC (*dynamic range control*).

> Ein weiterer Faktor sind die Objektive - auch bei Fixfokus-Kameras gibt es bessere und schlechtere Objektive die schärfer oder eben nicht ganz so scharf abbilden.

Je tiefer wir in die Grundlagen der Thermografie eintauchen wollen umso mehr müssen wir uns mit den technischen und physikalischen Grundlagen der Kameras und der Infrarot-Theorie beschäftigen.

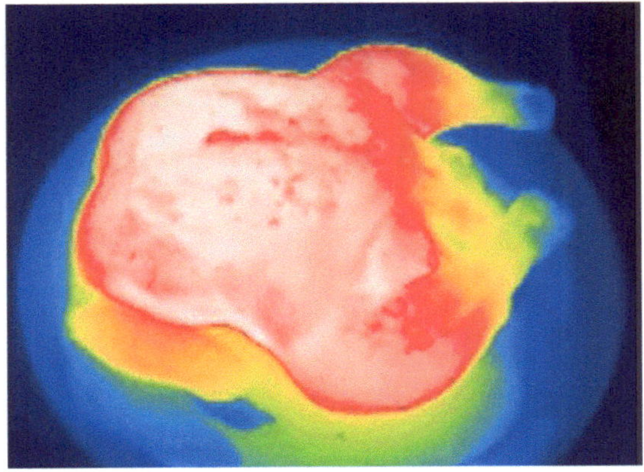

Hier sehen wir wie ein gebratenes Huhn abkühlt.

Die Brust und Keulen haben die größte Masse und enthalten im Fleisch viel Feuchtigkeit. Daher können diese Bereiche die Wärme länger speichern.

Der Flügel hat deutlich weniger Fleisch und ist bereits deutlich kühler als die Brust.

Die Enden der Beine haben nur ein klein wenig Haut über dem Knochen und sind darum binnen kürzester Zeit kalt.

Hierzu habe ich wieder ein kleines Experiment vorbereitet.

Zuerst habe ich einen Topf mit ca. ¼ Liter Wasser gefüllt und auf den Herd gestellt. Dabei habe ich eine Herdplatte gewählt, die deutlich kleiner als der Topf war, um klarere Wärmebilder zu erhalten. Außerdem habe ich zur besseren Vergleichbarkeit Level und Span auf 20°C bis 80°C eingestellt:

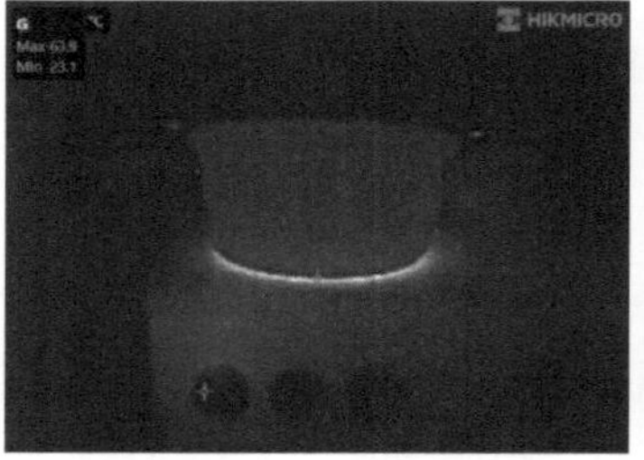

Das Bild nach 35 Minuten entfällt hier!

Praktisch leerer Topf nach 1 Min.   Praktisch leerer Topf nach 8 Min.

Danach habe ich den Topf mit kaltem Wasser abgekühlt und dann ca. 1 Stunde stehen lassen, damit er wieder die Umgebungstemperatur annimmt.

Nun habe ich den Topf mit 3 Litern Wasser gefüllt und den Vorgang wiederholt:

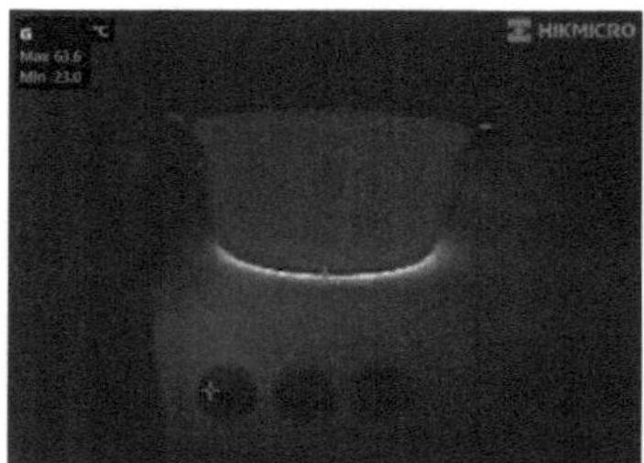

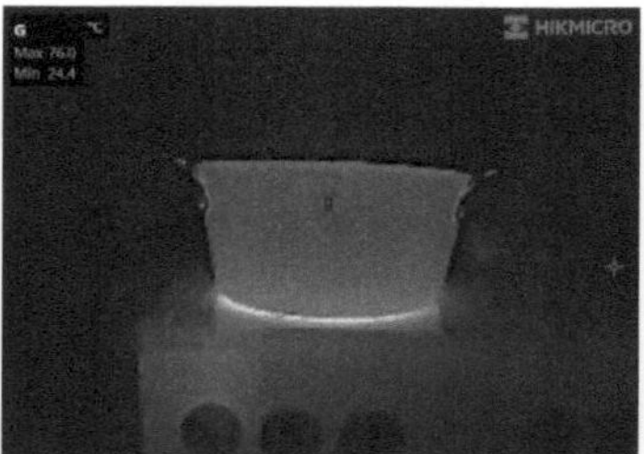

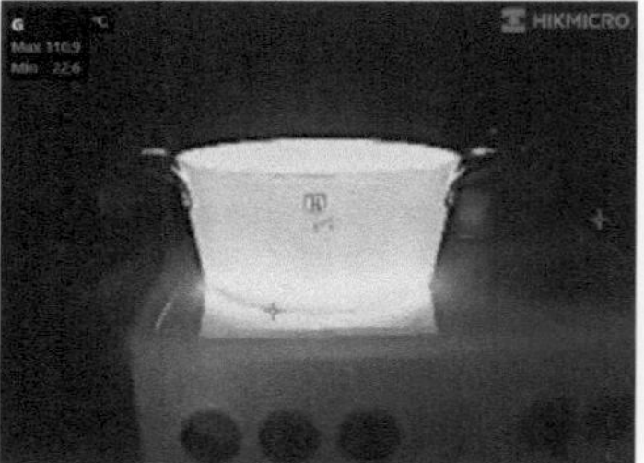

Voller Topf nach 1 Min.   Voller Topf nach 8 Min.   Voller Topf nach 35 Min.

Wie Sie sehen dauert es gut 4-mal so lange bis der Topf gleich heiß ist.

Wasser kann Wärme gut speichern und hat eine hohe thermische Masse. Darum dauert es viel länger die ganzen 3 Liter Wasser zu erhitzen als die kleine Menge.

Je mehr Wärmekapazität ein Objekt hat, umso länger dauert es bis die darin gespeicherte Wärmeenergie abgegeben wird.

Darum würde der praktisch leere Topf auch viel schneller abkühlen als der volle Topf!

Wie Sie hier sehen, spielt neben der spezifischen Wärmekapazität des Materials auch das Volumen eine entscheidende Rolle.

Phasenübergänge & Wärmeübertragung

Als Phasenübergänge bezeichnet man die Änderung des Aggregatzustandes (*fest, flüssig und gasförmig*) von Stoffen.

Wenn uns heiß ist schwitzen wir. Dies ist ein Mechanismus des Körpers um ein Überhitzen zu verhindern denn der Schweiß, der auf der Haut trocknet, kühlt den Körper – Man nennt dies Verdunstungskühlung.

Daher erscheinen feuchte Stellen in einem Thermogramm zB kühler als die Umgebung (*unter welchen Umständen das nicht so ist, lernen wir etwas später*):

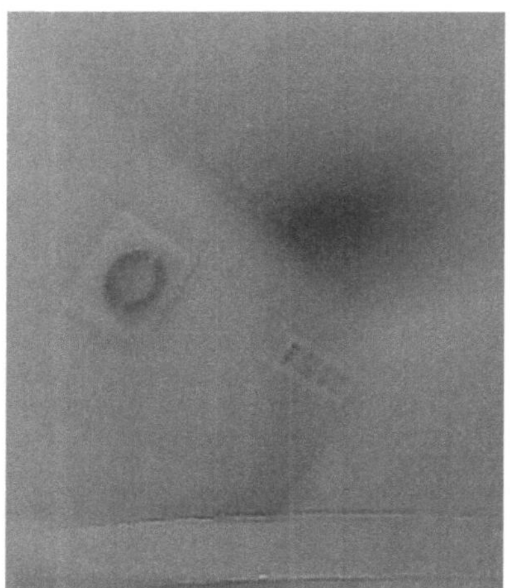

Hier sehen wir einen Wasserschaden in der Zwischendecke.

Ein Loch in der Abwasserleitung des Nachbarn führte zu einem massiven Wasserfleck.

Die Thermokamera konnte den Wasserfleck noch nach Tagen erkennen, auch als dieser schon längst nicht mehr mit freiem Auge auszumachen war.

Wir sehen also die Verdunstungskühlung der Restfeuchtigkeit.

Sehen wir uns dies wieder in einem praktischen Experiment an:

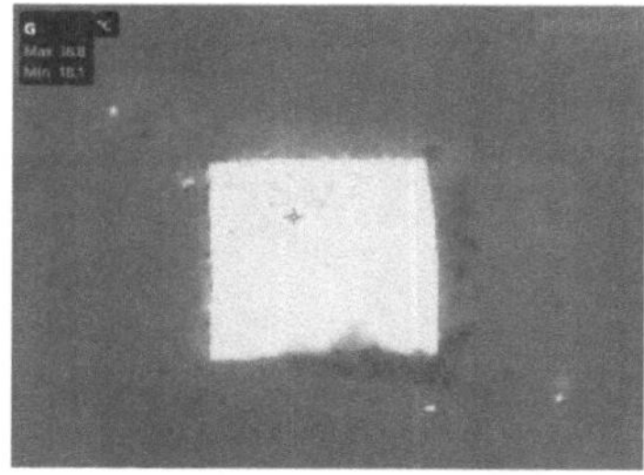

Feuchtes Tuch nach 20 Sek.

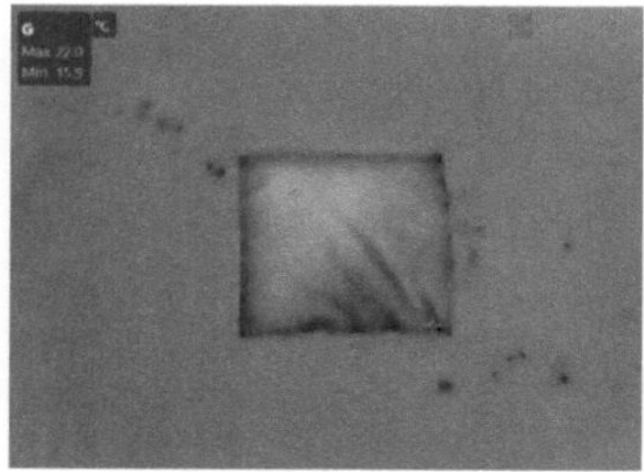

Feuchtes Tuch nach 2 Min.

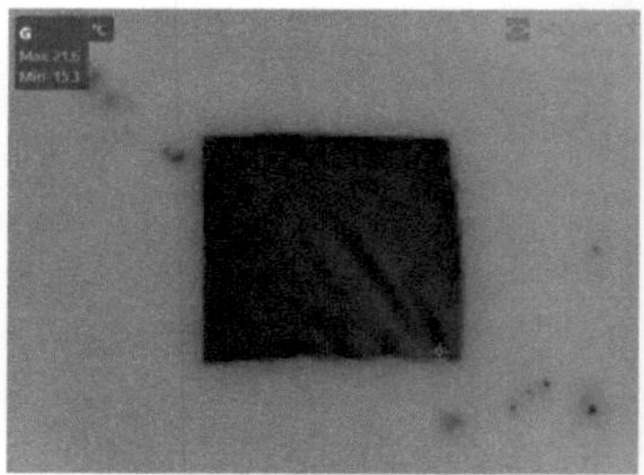

Feuchtes Tuch nach 8 Min.

Ich habe hier ein kleines Tuch in heißes Wasser getaucht, leicht ausgedrückt und dann feucht auf dem Tisch ausgebreitet.

Wenige Sekunden danach war das Tuch noch sehr warm und die Wärmebildkamera zeigte es in strahlendem Weiß an. Warme Wassertropfen rund um das Tuch sind ebenfalls als kleine weiße Punkte zu erkennen.

Nach nur 2 Minuten war das Tuch stark abgekühlt und kaum wärmer als der Tisch selber. Die kleinen Wassertropfen waren wegen der geringeren Wärmekapazität schon völlig ausgekühlt.

Nach 8 Minuten erscheint das Tuch nun viel kälter als der Tisch. Dies ist der Effekt der Verdunstungskühlung.

Wärmeübertragung ist der Transport thermischer Energie infolge des Temperaturunterschieds und sie findet auf drei Arten statt:

> **Wärmestrahlung** *(zB IR-Bestrahlungslampe oder die Sonne)*
  Hierzu werden keine Teilchen benötigt, funktioniert daher auch im Vakuum.

> **Wärmeströmung / Wärmeübergang** *(zB ein Heizkörper in einem Raum)*
  Tritt nur in Fluiden (*Flüssigkeiten und Gasen*) auf und wird auch Konvektion genannt.

> **Wärmeleitung** *(zB Lötkolben der ein Bauteil erwärmt)*
  Einzige Wärmeübertragungsart in festen Teilen, wird auch Induktion genannt.

Hierbei erfolgt die Wärmeübertragung vom warmen zum kalten Bereich. Gibt es keinen Temperaturunterschied, findet auch keine Wärmeübertragung statt!

Die Wärmeleitung hängt dabei vom jeweiligen Material ab. Wobei sich Wärme immer über die Zeit ausbreitet - die Wärmeleitfähigkeit des Materials sagt aus, wie schnell oder langsam dies geschieht.

Dies kann uns bei der Thermografie sowohl nutzen als auch Probleme bereiten!

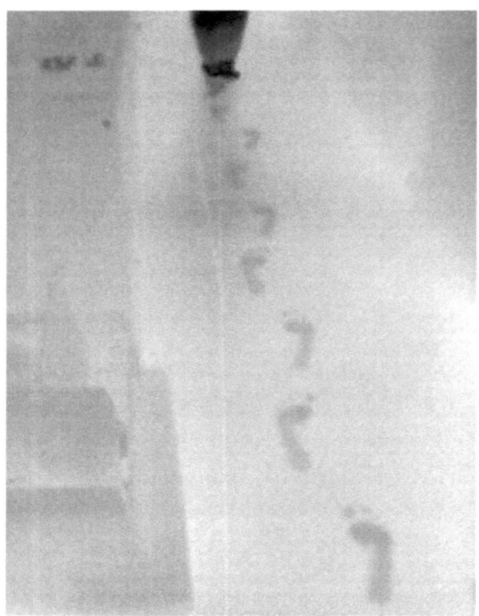

Bei der Berührung mit dem Boden übertragen die Füße etwas Wärme, die eine kurze Zeit lang (abhängig vom NETD der Kamera) noch sichtbar ist.

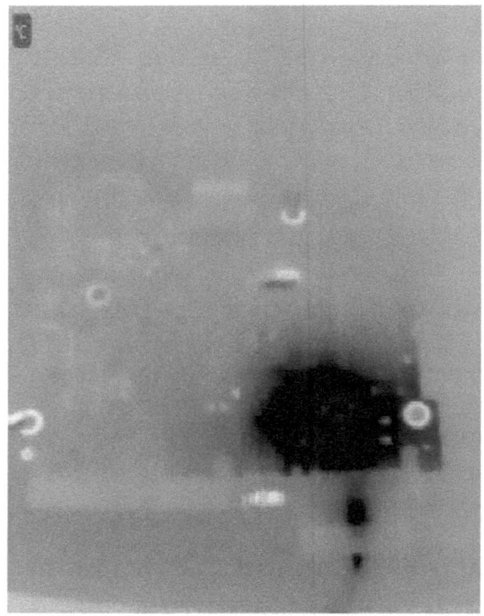

Hier macht die Wärmeübertragung das lokalisieren des kurzgeschlossenen Bauteils binnen Sekunden unmöglich.

Bei diesen Beispielen zeigt sich auch wieder die Wärmekapazität, die dafür verantwortlich ist, dass die übertragene Wärme für gewisse Zeit gespeichert wird. Darum fühlt sich zB ein Marmorfußboden auch viel kühler an als ein Holzfußboden, wenn man barfuß darauf tritt. Marmor leitet die Körperwärme viel schneller ab als Holz!

Wir müssen diesen Faktor bei der Thermografie berücksichtigen und im Fall der Platine dafür sorgen, dass nicht zu viel Wärme entsteht - zB durch eine Limitierung der Stromstärke.

Ein weiterer wichtiger Punkt ist, dass die Wärmeleitung von Molekül zu Molekül erfolgt und die Energie damit immer weiter abnimmt je weiter die Entfernung von der Wärmequelle ist. Wir sehen also einen Verlauf und keine harten Kanten.

Dieser Verlauf zeigt uns auch die Flussrichtung der Wärme an! Darauf zu achten ist bei der Interpretation von Wärmebildern oft wichtig. Man Spricht hierbei auch von Temperaturgradienten:

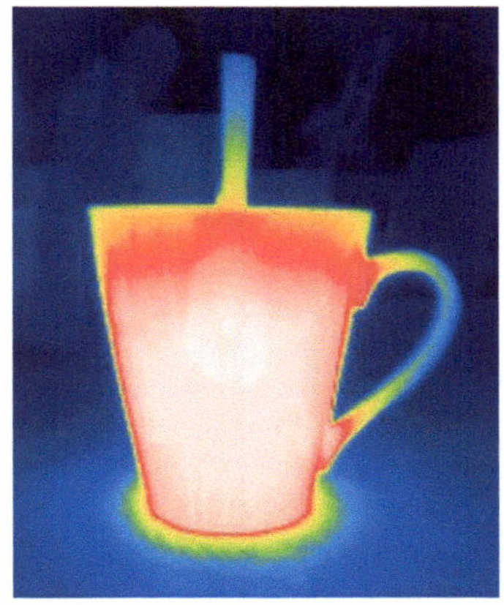

Wir sehen hier das Wärmebild eines langen Löffels für Kaffee Latte, der in eine Tasse mit kochendem Wasser getunkt wurde.

Da der Löffel selbst einen sehr geringen Emissionsgrad hat, wurde der Stiel bis knapp vor der Wasserlinie in Kreppband gewickelt damit wir den Verlauf der Temperatur sehen können.

Um der Wärme genügend Zeit zu geben, habe ich nach dem Eintauchen des Löffels ca. 5-6 Minuten gewartet.

Wir sehen schön wie die Wärme sich entlang des Stiels ausbreitet. Den gleichen Effekt können wir auch am Henkel der Tasse beobachten!

Die Wärmeströmung ist an das Vorhandensein von Teilchen geknüpft, die die thermische Energie transportieren. Sie überträgt Wärme in Flüssigkeiten oder Gasen. Im Gegensatz zur Wärmeleitung ist die Wärmeströmung viel schwerer zu errechnen da diese von verschiedensten Faktoren (*zB Material, Art der Strömung, Geschwindigkeit, usw.*) abhängt.

Die Energie wird durch Strömungsbewegungen übertagen - durch die Erwärmung sinkt die Dichte der Teilchen in einem Fluid und darum steigen die Teilchen auf. Hierbei kann man zwischen einer „freien" Strömung (*ohne Fremdeinwirkung*) und einer erzwungenen Konvektion (*zB Fön*) unterscheiden. Dieses Prinzip ist die Grundlage wie zB eine Heizung arbeitet:

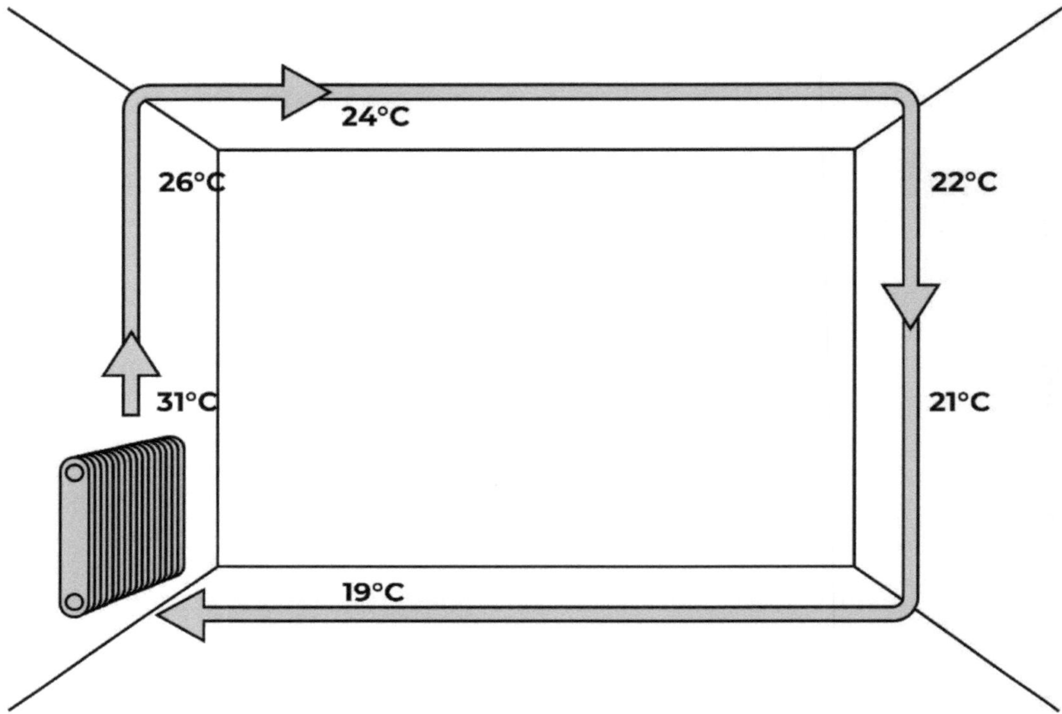

Erwärmte Luft steigt auf, wird von der nachströmenden Luft weitergeschoben und kühlt dabei langsam ab und sinkt wieder zu Boden.

Die Wärmestrahlung hängt vom Emissionsgrad des Körpers ab und benötigt im Gegensatz zu den anderen zwei Arten der Wärmeübertragung kein Medium. Dabei erfolgt die Wärmeübertragung über elektromagnetische Wellen, die zB eine Thermokamera sichtbar macht. In der Praxis müssen wir diese Dinge im Hinterkopf behalten, wenn wir Thermogramme interpretieren.

Wärmedurchgang & thermische Trägheit

Wenn auf beiden Seiten eines Materials unterschiedliche Temperaturen anliegen dann findet ein Wärmedurchgang statt. Wie hoch der Wärmedurchgang für ein bestimmtes Material ist, wird mit dem Wärmedurchgangskoeffizienten angegeben. Im Bau-Bereich gibt es Vorschriften (*zB Energiesparverordnung*), die Mindestwerte für Wärmedurchgangskoeffizienten bei bestimmten Bauteilen vorschreiben.

Bei Bauteilen die aus verschiedenen Materialien in Schichten zusammengesetzt sind, muss man die jeweiligen Materialien der einzelnen Schichten beachten!

Hier sehen wir den "Wärmeverlust" durch ein Fenster. Fenster und Türen sind quasi Löcher in der Gebäudehülle und damit die schwächste Stelle.

Dämmmaterial soll einen möglichst schlechten Wärmedurchgangskoeffizienten haben und so einen Wärmedurchgang behindern.

Wir sehen, dass die Fläche gut gedämmt ist und ein Wärmedurchgang nur durch den Anschluss der Fenster erfolgt.

In diesem Fall ist der Effekt aber völlig normal.

Sie müssen bedenken, dass die Wand beim Fenster von Ihrer ursprünglichen Stärke auf wenige Centimeter zusammenspringt und daher muss an dieser Stelle zumindest ein wenig Wärme austreten!

Die thermische Trägheit gibt an wie schnell oder langsam ein Stoff thermische Energie mit seiner Umgebung austauschen kann.

Hierbei sehen wir auch, dass die obere Kante deutlich stärker erwärmt ist als die untere Kante des Fensters. Dies liegt daran, dass warme Luft aufsteigt und nicht etwa an einem mangelhaften Einbau.

Eine Wärmebildkamera liefert Ihnen eine visuelle Darstellung der Temperaturverteilung in einem Bereich – die Analyse und Interpretation liegt bei Ihnen. Viele halten warme- oder kalte Stellen in einem Thermogramm schon für die Antwort auf eine Fragestellung.

Dem ist aber meist nicht so. Suchen wir einen Kurzschluss auf einer Platine und ein Bauteil leuchtet im Thermogramm auf, dann ist dies die Antwort. Bei vielen anderen Aufgabestellungen bedarf es allerdings einer entsprechenden Interpretation.

Bei dem Beispiel mit dem Fenster müsste man sich fragen wie die Außen- und Innentemperaturen waren und wie stark der Wärmeaustritt an dieser Stelle ist um eine Aussage darüber zu treffen ob die "Wärmeverluste" in Ordnung sind oder über dem liegen, was bei der entsprechenden Bauweise zu erwarten wäre.

Wenn wir zB ein Gebäude aufheizen, damit Wärmebrücken deutlicher sichtbar sind, dann müssen wir den Baustoffen auch genug Zeit geben um die Wärme zu transportieren.

Darum beginnt die Vorbereitung einer thermografischen Untersuchung oftmals schon Tage zuvor und ohne entsprechende Vorbereitung wären Wärmebildaufnahmen gar nicht machbar oder höchst fragwürdig.

Um diese Effekte zu demonstrieren habe ich das folgende einfache Experiment durchgeführt:

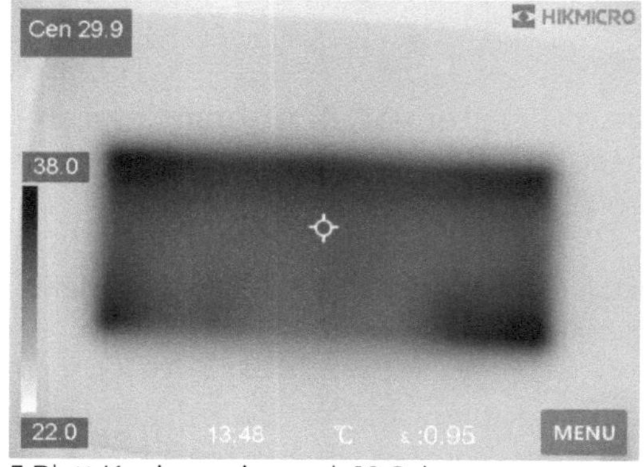

5 Blatt Kopierpapier nach 10 Sek.

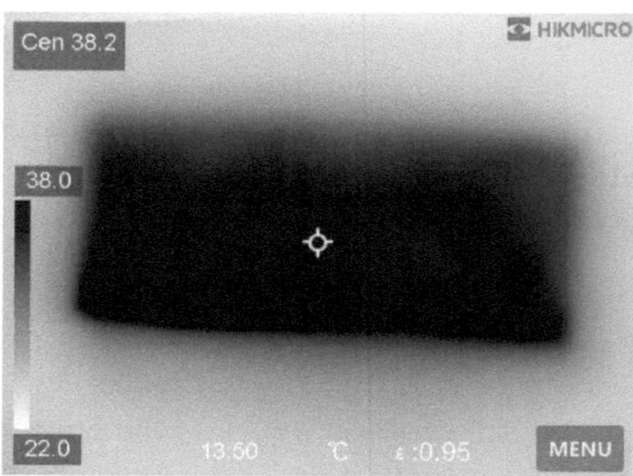

5 Blatt Kopierpapier nach 30 Sek.

Ich habe einen Aluminiumblock für gut 10 Minuten im Backofen auf 60 °C erhitzt, herausgenommen und auf einen Korkuntersetzer gelegt.

Die Pocket2 habe ich so eingestellt, dass immer die Temperaturen zwischen 22
und 38°C angezeigt werden. Dann habe ich 5 Blatt Kopierpapier benommen
und auf den heißen Aluminiumblock gelegt.

Nach 10 Sekunden konnte man die Umrisse gut erkennen und nach 30 Sekunden war der Großteil des Rechtecks im Thermogramm schwarz, was bedeutet,
dass dieser Bereich 38°C oder mehr erreicht hat.

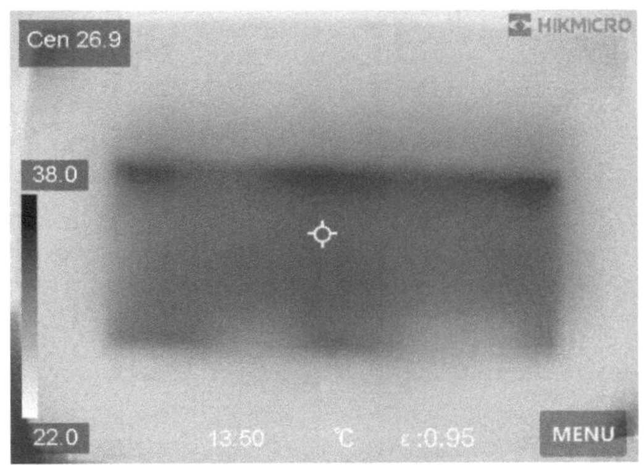

20 Blatt Kopierpapier nach 10 Sek.

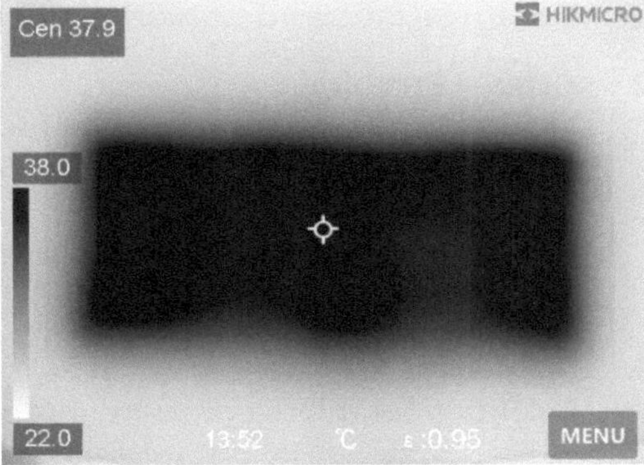

20 Blatt Kopierpapier nach 95 Sek.

Dann habe ich dieses Experiment mit 20 Blatt Kopierpapier wiederholt. Hierbei
dauerte es 95 Sekunden bis das Rechteck gefüllt war. Wobei das höhere Ge-
wicht der 20 Blatt Papier sicher auch für einen höheren Anpressdruck und damit eine bessere Wärmeübertragung sorgen.

Sie sehen hierbei dennoch gut, dass es je nach Material, Dicke und diverser anderer Faktoren eine bestimmte Zeit dauert bis Wärme ein Material durchdringt.
Außerdem sehen Sie zwar, dass sich die Wärme leicht ausbreitet und die Kanten
schwammig werden aber dennoch ist dies bei weitem nicht so stark ausgeprägt
und die Wärme bildet die ursprüngliche Form gut ab.

Bedenken Sie auch, dass dabei das Metallstück abkühlt und Wärmeenergie
vom Metall in das Papier abwandert und auch an die Luft abgegeben wird.
Wenn Sie mit unterschiedlichen Materialien experimentieren müssen Sie den
Metallblock immer wieder neu erwärmen um gleiche Voraussetzungen zu
schaffen.

Strahler-Typen

1. **Schwarzer Strahler**
   Ein schwarzer Strahler ist ein Körper der die auftreffende elektromagneti-sche Strahlung vollständig absorbieren und diese Strahlung auch vollstän-dig wieder abstrahlen kann
   (*Absorbtion = Emission => thermisches Gleichgewicht*).

   Der ideale Emissionswert von 1 wird in der Praxis niemals erreicht!

   Der Emissionsgrad ist hierbei über alle Wellenlängen konstant.

2. **Grauer Strahler**
   Der graue Strahler ist ein nicht idealer Strahler mit einem niedrigeren Emissionsgrad als ein schwarzer Strahler.

   Wie beim schwarzen Strahler ist der Emissionsgrad über alle Wellenlän-gen gleich.

3. **Selektiver Strahler**
   Selektive Strahler verändern ihren Emissionsgrad in Abhängigkeit von der Wellenlänge - zB ein Edelstahltopf.

Äußere Einflüsse

Sehen wir uns dies am Beispiel der Sonneneinstrahlung an...

Nur weil Infrarot-Kameras keine Farben, sondern nur die Wärmeabstrahlung erfassen, heißt das nicht, das Farben keinen Einfluss haben können. Dunkle Farben werden zB von der Sonne stärker erwärmt:

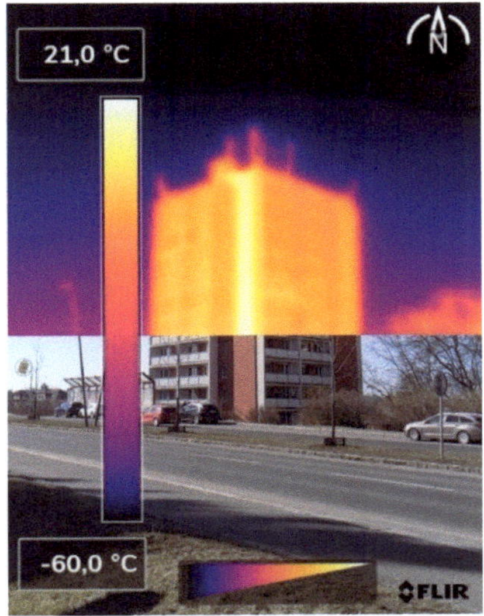

Dieses Bild zeigt schön den Einfluss von Sonneneinstrahlung.

Die dunkle Farbe an der Fassade kann die IR-Strahlung der Sonne besser absorbieren und heizt sich darum stärker auf.

Eine höhere Temperatur resultiert in schnelleren Bewegungen der Atome und damit in einer höheren Menge an abgegebener Wärmestrahlung.

Außerdem sehen wir wie kalt der klare Himmel selbst an einem warmen Tag ist (*-60°C*).

Wind, Regen und viele andere Dinge haben ebenfalls einen Einfluss auf die thermografierten Materialien.

So kann Wind in vielen Fällen für eine deutliche Abkühlung sorgen und darum verhindern, dass eine Überhitzung oder übermäßiger Austritt von Wärme an bestimmten Bauteilen als solcher erkannt wird.

Das Cat S62 erkennt hierbei auch die Kälte des Himmels ziemlich gut. Trotz des strahlenden und warmen Frühlingstages ist die abgestrahlte Temperatur des klaren Himmels sehr kalt. Die hier angezeigten **-60°C** sind tendenziell richtig!

Einflüsse auf den Emissionsgrad

Strahlung wird an der Oberfläche eines Objektes abgegeben und darum haben folgende Dinge einen Einfluss auf den Emissionsgrad:

> **Material** - Nichtmetalle haben in der Regel einen höheren Emissionsgrad als blanke Metalle.

> **Oberflächenbeschaffenheit** (*lackiert, korrodiert, …*) - starke Oxidation sorgt zB für einen höheren Emissionsgrad.

> **Wellenlänge** - viele Stoffe haben verschiedene Emissionsgrade für kurz-, mittel- und langwellige IR-Strahlung (*siehe Emission und Transmission bei Glas - Seite 36*)

> **Temperatur** - in der Regel steigt der Emissionsgrad mit der Oberflächentemperatur.

> **Oberflächenrauheit** - raue Oberflächen haben einen höheren Emissionsgrad als glatte Oberflächen.

Es gilt also für exakte Temperaturmessungen den Emissionsgrad nicht nur entsprechend des Materials, sondern auch entsprechend der Oberflächenbeschaffenheit anzupassen.

Hierbei muss man je nach Material und Oberfläche auch darauf achten, dass man bestmöglich Reflektionen vermeidet oder zumindest stark verringert.

Ideal wäre ein 90° Winkel aber je nach Material spiegelt sich so der Thermograf selber im Objekt. Wenn man schräg thermografiert sollte man einen 60° Winkel bei Nichtmetallen und 45° bei Metallen nicht überschreiten!

Hohlraumeffekt

Als Hohlraumeffekt bezeichnet man den Effekt, dass es vermehrt zu Mehrfach-reflexionen an Vertiefungen kommt. Dies ist auch für die Steigerung des Emissionsgrades bei rauen Oberflächen verantwortlich. Hier tritt der Hohlraumeffekt bei den mikroskopischen Vertiefungen in der rauen Oberfläche auf.

In der Praxis kann man dies nutzen um an thermisch schwierigen Oberflächen wie zB blanken Metallen Messungen vorzunehmen. Hierzu kann man zB

> Bohrungen

> Fugen

> Einfräsungen

> etc.

messen.

Ein einfaches Beispiel für diesen Effekt ist ein IR-Portrait eines Menschen:

Der Hohlraumeffekt zeigt sich hier sehr deutlich an den inneren Seiten der Augenhöhlen.

Hier treffen drei Flächen (*Nase, oberer Wangenbereich und Augenwulst*) zusammen und es kommt zu Mehrfachreflektionen.

Dieser Effekt kann sowohl beim Messen helfen da sich der Emissionsgrad steigert oder er kann einen Bereich fälschlicherweise deutlich erwärmt zeigen, so wie hier bei dem Gesicht.

TEMPERATURMESSUNG

Für die Temperaturmessung gibt es mehrere Temperaturskalen - die wichtigsten sind:

> **Kelvin** (*SI-Basiseinheit der thermodynamischen Temperatur und zugleich gesetzliche Temperatureinheit in der EU, der Schweiz und fast allen anderen Ländern*)

> **Fahrenheit** (*findet nur noch in den USA und ihren Außengebieten, in Belize sowie auf den Bahamas und den Cayman Islands Verwendung*)

> **Celsius** (*seit der Durchsetzung des metrischen Systems im mittleren 19. Jahrhundert gebräuchlich in Kontinentaleuropa*)

Eine Temperaturmessung ist grundsätzlich auf zwei Arten möglich:

> **Berührende Temperaturmessung** (*thermischer Kontakt eines Temperatursensors oder Thermometers mit dem zu messenden Objekt*)

> **Berührungslose Temperaturmessung** (*Messen der Wärmestrahlung mittels Pyrometer oder Wärmebildkamera*)

Hierbei hat jede dieser Methoden Ihre Vor- und Nachteile!

Berührende Temperaturmessung

Diese Art der Messung kann mit unterschiedlichen Geräten erfolgen, cie nach den unterschiedlichsten Prinzipien funktionieren:

> **Ausdehnungsthermometer** (*temperaturabhängige Volumensänderungen von bestimmten Stoffen*)

> **Thermoelement** (*temperaturabhängiger Stromfluss in zwei unterschiedlichen Metallen*)

> **Widerstandsthermometer** (*temperaturabhängige Änderung des elektrischen Wiederstandes bestimmter Leiter / Halbleiter*)

Je nach Bauform (*Messeinsätze, Mantelthermoelemente, Folienfühler, …*) ist das eigentlich temperaturempfindliche Teil mehr oder weniger exponiert. Je geschützter dieses Element ist umso länger dauert die Temperaturmessung, da sich erst die schützende Hülle erwärmen muss.

Diese Messmethode ist zwar relativ einfach und sehr genau, sofern keine Fehler gemacht werden, hat jedoch nur einen limitierten Einsatzbereich - das zu messende Objekt muss gefahrlos erreichbar sein für die Messung und der Sensor muss das zu messende Objekt für eine bestimmte Zeit berühren können.

Dadurch eignet sich diese Messmethode nicht für bewegte, sehr heiße, spannungsführende oder schwer zu erreichende Teile. Dasselbe gilt für Objekte, die ihre Temperatur schnell verändern.

Außerdem kühlt der Messsensor das Messobjekt durch die Berührung kurzzeitig ab, wenn er kühler ist als das Messobjekt (*siehe Wärmeleitung*). Analog dazu würde sich das Messobjekt erwärmen, wenn es kühler wäre als der Messfühler.

Erst wenn beide Teile die gleiche Temperatur erreichen, ist die Messung fertig.

Ein weiteres Problem stellen unebene Flächen da. Wenn der Messsensor nur teilweise auf dem Objekt aufliegt, ist keine zuverlässige Temperaturmessung möglich. Hier kann man sich mit Wärmeleitpasten behelfen, um die Wärmeübertragung zu verbessern.

Berührungslose Temperaturmessung

Diese Art der Temperaturmessung erfolgt mit Pyrometern (*IR-Thermometern*) oder Infrarot-Kameras. Der Unterschied ist, dass das IR-Thermometer nur ein Messfeld bietet. Seit dem VT02 und TG165 gibt es zwar auch visuelle IR-Thermometer, diese zeichnen aber nur einen Messpunkt auf und die Bilder enthalten keine weiteren Temperaturdaten. Das unterscheidet sie von Wärmebildkameras, die radiometrische Bilder speichern, in denen die Temperaturwerte jedes Pixels für eine spätere Analyse abgelegt sind.

In den meisten IR-Kameras kommen ungekühlte FPAs (*Focal Plane Arrays*) zum Einsatz. Diese sind so aufgebaut wie eine herkömmliche Digitalkamera - ein Objektiv fokussiert die Strahlen auf einen Sensor der viele verschiedene Messpixel in einem Raster angeordnet hat.

Eine andere mögliche Bauform, die teilweise in Fertigungsanlagen zur Überwachung eingesetzt wird, sind so genannte Scannerkameras. Diese arbeiten mit elektronisch verstellbaren Spiegeln die dann einen Bereich abscannen und das Bild Punkt für Punkt auf einen einzigen Sensorpixel umlenken.

Wir werden uns hier nur mit FPA-basierten Kameras beschäftigen. Bei diesen entspricht die Anzahl der Messpixel auf dem so genannten Microbolometer (*thermischer Detektor*) der angegebenen Auflösung. Neben Microbolometern gibt es auch andere Sensoren, die Infrarot-Strahlung aufzeichnen können. So genannte Photonendetektoren sind zwar deutlich schneller und empfindlicher (*stark abhängig von der Wellenlänge*), funktionieren aber nur wenn sie auf -196°C gekühlt werden.

In meiner Hikmicro Pocket2 sind also fast 50.000 Messsensoren verbaut - das ist zwar beeindruckend aber Tageslichtkameras schaffen es zig Millionen Pixel auf einer ähnlich großen Fläche unterzubringen.

Die Technik entwickelt sich aber laufend weiter und Preise fallen stetig. Während ich an diesem Buch schreibe hat InfiRay eine Aufsteckkamera für Mobiltelefone mit einer Auflösung von 384 x 288 Pixeln auf den Markt gebracht, die weit unter 1.000 EUR kostet.

Von der Infrarot-Strahlung, die auf dem Sensor auftrifft ist es ein recht weiter Weg zum fertigen Wärmebild:

1. A/D (*analog/digital*) Wandlung

2. Kompensation der Signalverfälschung durch die kcamerainterne Temperatur und durch die Eigenstrahlung der Bauteile der Kamera

3. Kompensation der Störstrahlung laut eingestellten Parametern (*Umgebungstemperatur, Luftfeuchtigkeit, Entfernung, …*)

4. Berechnung der Temperaturwerte

5. Anwenden der Palette und der voreingestellten Temperaturbereiche

Dieser ganze Prozess ist im Vergleich zur berührenden Temperaturmessung deutlich komplizierter.

Bei Kameras, die radiometrische Daten in den Bildern speichern kann man einige Parameter nachträglich noch gut feintunen. Diese Kameras verzeihen auch notfalls ungenau eingestellte Parameter, da man diese je nach Hersteller in der Software anpassen kann. (*siehe Aquarium-Beispiel beim Emissionsgrad*)

Wir müssen darauf achten die entsprechenden Angaben bestmöglich in der Kamera zu hinterlegen. Außerdem gibt es einen Faktor der auf keinen Fall in der Software korrigiert werden kann! Wurde das Bild nicht ordentlich fokussiert, können die Messwerte unmöglich stimmen!

Beim Fokussieren wird das Bild scharf auf den Sensor projiziert und die einzelnen Pixel lesen die Temperaturwerte aus. Wurde das Bild verschwommen auf den Sensor projiziert, dann werden einzelne Bereiche nicht sauber erfasst, da sich die Messwerte mit denen der umliegenden Bereiche vermischen und mitteln.

Außerdem hängt der Emissionsgrad bei einigen Objekten sogar von der Objekttemperatur und/oder dem Winkel aus dem Thermografiert wird ab. (*siehe Plancksches Strahlungsgesetz*)

Zur Verarbeitung der Sensordaten nutzt jede Kamera intern eine so genannte Kalibrierungskennlinie. Daher wird für den seriösen Einsatz von Infrarot-Kameras empfohlen das Gerät jährlich kalibrieren zu lassen. In manchen Bereichen muss ein entsprechender Kalibrierungsbericht als Nachweis der erfolgten Kalibrierung dem Bericht direkt beigelegt oder zumindest auf Verlangen nachgereicht werden.

Jede Veränderung der Verhältnisse im Strahlengang erfordert eine erneute Kalibrierung. Eine solche wäre beispielsweise die zuvor erwähnte ZeSn-Linse für die Nahaufnahmen, ein anderes Objektiv, etc.

Besondere Hinweise zur Temperaturmessung mit IR-Kameras

Eine Infrarot-Kamera ist ein empfindliches Messgerät und sollte auch als solches behandelt werden. Es gibt jedoch bestimmte Dinge die man zusätzlich beachten sollte:

> Die Kamera niemals direkt auf die Sonne richten - die hohe Strahlungsenergie kann den Sensor dauerhaft schädigen!

> CO2-Laser arbeiten mit einer Wellenlänge, die von IR-Kameras aufgezeichnet wird. Ein reflektierter Laserstrahl kann den Sensor beschädigen genau wie auch die hohe Strahlungsenergie, die starke Laser aussenden.

> In besonders dreckigen Umgebungen können Sie die Kamera vor übermäßiger Verschmutzung schützen indem Sie die Kamera in einer dünnen Plastiktüte verwenden. Diese ist wie wir bereits gesehen haben quasi transparent für langwellige Infrarotstrahlen...

Reinigung der Objektive von IR-Kameras:

Langwellige Infrarotstrahlen durchdringen kleinere Schlieren und sogar Fingerabdrücke mit Leichtigkeit ohne nennenswerte Fehler bei der Temperaturmessung zu verursachen. Die Objektive von Wärmebildkameras sind in der Regel mit einer empfindlichen Beschichtung versehen, die durch zu aggressive oder falsche Reinigung leicht beschädigt werden kann!

Ist die Beschichtung beschädigt, arbeitet die Kamera nicht mehr korrekt - reinigen Sie die Infrarot-Linsen also nur wenn es wirklich nötig ist und nicht wegen jedem kleinen Fussel oder Fleck...

Staub und Fussel kann man berührungslos mit einem Blasebalg entfernen.

Verwenden Sie zur Reinigung hartnäckiger Verschmutzungen ein fusselfreies Baumwolltuch oder einen fusselfreien Tupfer und medizinischen Alkohol. Seien Sie bei der Reinigung sehr vorsichtig!

Verwenden Sie keinesfalls Microfasertücher, Taschentücher, Toilettenpapier, die Ecke ihres T-Shirts oder ähnliches...

Umgebungs- bzw. reflektierte Temperatur

Jedes aufgenommene Wärmebild kann, bedingt durch die physikalischen Gesetzmäßigkeiten, denen IR-Strahlung unterliegt, völlig andere Verhältnisse aufweisen als es uns der visuelle Eindruck vermittelt.

Das ist bedingt durch folgende Dinge:

> Alle Objekte in der Umgebung haben eine Temperatur, die höher ist als der absolute Nullpunkt *(0 Kelvin)* und sind damit Strahlungsquellen.

> Größe, Abstand, Temperatur und Emissionsgrad aller Objekte zusammen ergeben die aufgenommene Gesamtstrahlung.

Man muss hierbei zwischen Temperatur der Atmosphäre und der Umgebungstemperatur (*auch Hintergrund- oder reflektierte Temperatur genannt*) unterscheiden!

Nicht jede Thermokamera erlaubt es die Atmosphärentemperatur einzustellen. Diese hat auch nur einen geringeren Effekt auf die Genauigkeit der Temperaturmessung mit der Kamera.

Die reflektierte Temperatur hingegen spielt je nach Emissionsgrad eine deutlich stärkere Rolle. Wobei man bei Emissionsgraden unter 0,60 schon deutliche Probleme hat, noch gut genug die Reflektionen und anderen Einflüsse herauszurechnen. In solchen Fällen sollte man sich lieber mit Sprays oder Messaufklebern helfen, die einen Messpunkt mit hohem Emissionsgrad erzeugen, sofern dies möglich ist.

Um die Umgebungstemperatur korrekt herausrechnen zu können, muss diese auch entsprechend ermittelt werden. Hierbei wäre eine Ermittlung der Lufttemperatur oder der Oberflächentemperatur der Objekte in der Umgebung nicht zielführend, da diese den Emissionsgrad nicht berücksichtigen.

Wir haben allerdings ein Gerät zur Hand, das genau das macht! Wenn wir die Wärmebildkamera auf einen Emissionsgrad von 1.0, eine Entfernung von 0m stellen und dann direkt vor dem zu messenden Objekt stehend die reflektierten Objekte messen, erhalten wir genau die Strahlung die an diesem Punkt ankommt ohne jegliche Korrekturen für Reflektionen und Atmosphäre.

Eine weitere Möglichkeit wäre es starke Strahler, die sehr hohe Temperaturunterschiede ausstrahlen abzuschirmen. Da die meisten Stoffe keine langwellige IR-Strahlung durchlassen, können wir dies recht einfach bewerkstelligen.

Sehen wir und den Vorgang nochmal mit folgenden Illustrationen an:

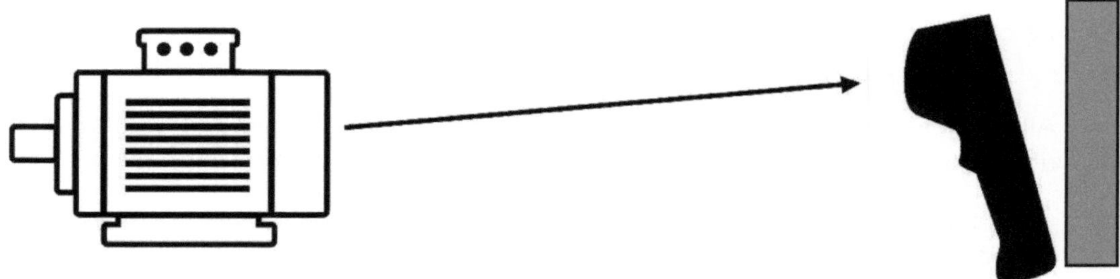

Zuerst messen wir die reflektierte Temperatur mit den Einstellungen:

> Emissionsgrad = 1,0

> Abstand = 0m

Den so ermittelten Wert für die Reflektierte Temperatur tragen wir dann in der Kamera ein und stellen die Entfernung auf den korrekten Wert für die Messung.

Falls die Kamera dies unterstützt, können wir auch Atmosphärentemperatur und Luftfeuchtigkeit einstellen.

Dann nehmen wir die eigentliche Messung vor:

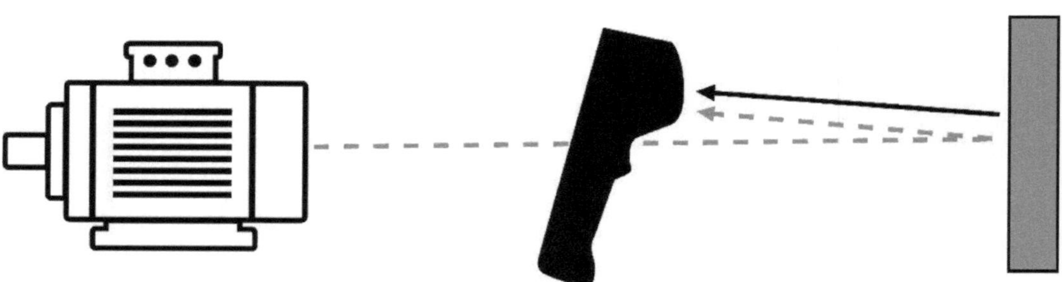

Je nach Positionierung könnte der Thermograf selbst einiges der IR-Strahlung des Motors abschirmen und selbst wieder als Strahlungsquelle auftreten und damit das Ergebnis verfälschen.

In solchen Fällen ist es eine gute Option eventuelle Reflektionen abzuschirmen:

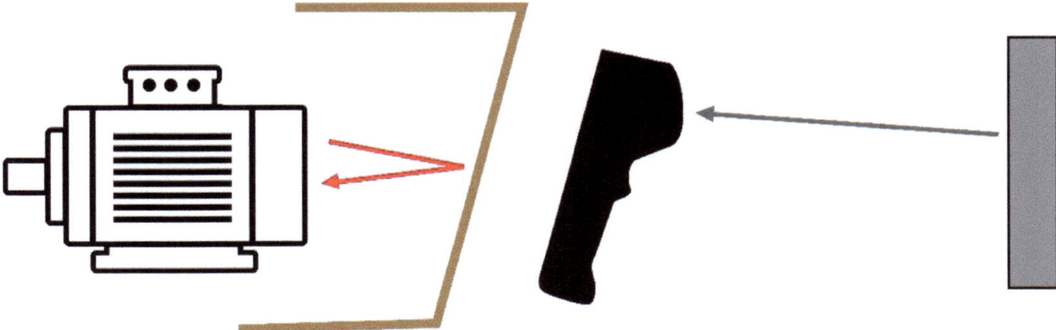

Teilweise reicht schon ein einfacher Karton in entsprechender Größe um unerwünschte Reflektionen abzuschirmen.

Das Problem in realen Situationen ist, dass wir oftmals nicht nur eine Strahlungsquelle haben und je nach Form des Objektes das wir messen, ist es auch schwer festzustellen welche Objekte sich wo spiegeln.

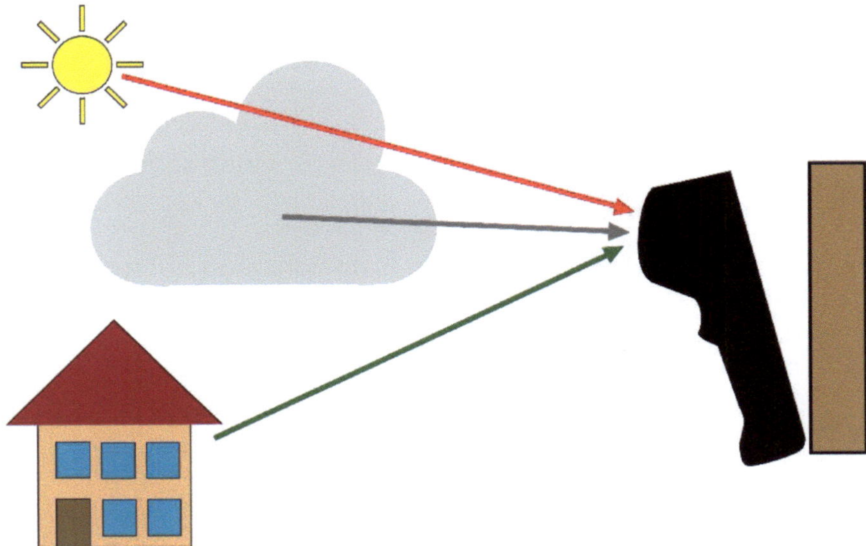

Bedenken Sie auch, dass Sie die Sonne selbst nicht messen sollten, da die starke IR-Strahlung den Sensor beschädigen kann!

In einer Situation, wie der hier gezeigten, müssen wir entweder die einzelnen Strahlungsquellen einzeln messen und dann entsprechende Korrekturwerte für die verschiedensten Messpunkte ermitteln oder einen sinnvollen Mittelwert der verschiedensten reflektierten Objekte auf Basis der physikalischen Gesetzmäßigkeiten schätzen um mit einer leichten Ungenauigkeit leben sofern keine Abschirmung möglich ist.

Ein weiteres Problem stellt der Messbereich der Kamera dar.

Bei der Ermittlung der reflektierten Temperatur haben wir auch teilweise das Problem, dass der Messbereich der Kamera nicht ausreicht die korrekte Temperatur zu messen.

Der Nachthimmel kann problemlos -50°C oder sogar -70°C abstrahlen, die InfiRay C210 zeigt uns hier aber nur -26,5°C an und warnt uns wiederum nicht, dass diese Temperatur nicht stimmt.

Dies ist aber ein gutes Beispiel für die Qualität der InfiRay Sensoren. Das Bild wirkt fast wie ein Schwarzweißfoto aber es ist tatsächlich ein reines Wärmebild.

Reflektionen in den Scheiben und Chromteilen sorgen für einen sehr detaillierten Bildeindruck.

Außerdem muss man oftmals je Messpunkt den Emissionsgrad entsprechend anpassen da viele thermografierte Objekte aus unterschiedlichsten Materialien bestehen. Wenn es darum geht Temperaturen exakt zu ermitteln, wird Thermografie sehr schnell recht komplex!

Eine Möglichkeit um einen Mittelwert von Reflektionen in einer recht komplexen Situation zu ermitteln ist Folgende:

1. Stellen Sie folgende Werte an der Kamera ein:
    Emissionsgrad = 1,00
    Abstand = 0m

2. Zerknüllen Sie ein Stück Alufolie und entfalten Sie es wieder.

3. Streifen Sie die Folie glatt und spannen Sie diese mit der glänzenden Seite zu Ihnen gerichtet über ein Stück Karton. So erhalten Sie einen sehr starken Reflektor der tausende kleine Falten und Dellen hat.

4. Nehmen Sie ein Thermogramm der Folie auf.

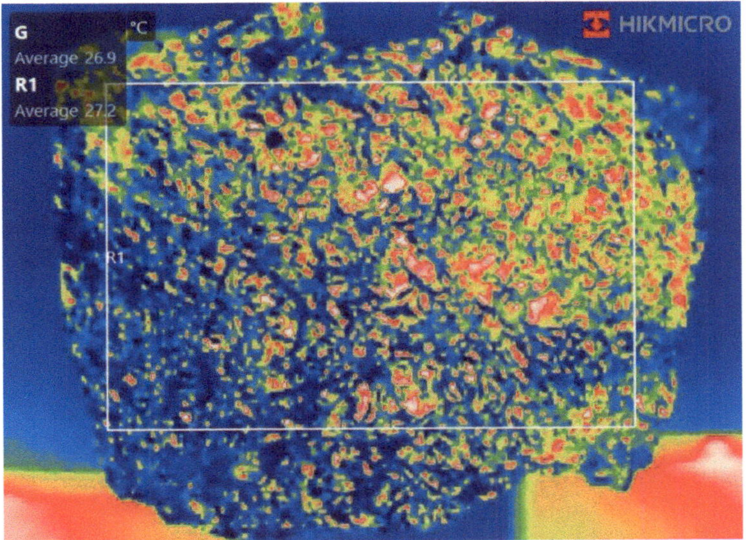

Nachdem wir dieses Thermogramm aufgenommen haben, können wir cen Mittelwert über den Bereich der Folie ermitteln und diese Temperatur als reflektierte Temperatur in der Kamera setzen.

Sie sehen an diesem Beispiel gut, dass sich in dieser Situation mehrere Wärmequellen aus den verschiedensten Richtungen in dem Objekt spiegeln würden.

So können wir den Mittelwert der Reflektionen recht einfach ermitteln.

Achten Sie aber unbedingt darauf, dass die Alufolie sauber bleibt und nicht verschmutzt wird. Dies würde den Emissionswert verändern! Dabei sollte die Alufolie groß genug sein um ein repräsentatives Ergebnis zu erzielen und möglichst genau der Form des zu messenden Objekts entsprechen.

Die folgende Illustration verdeutlicht nochmals was genau hierbei passiert:

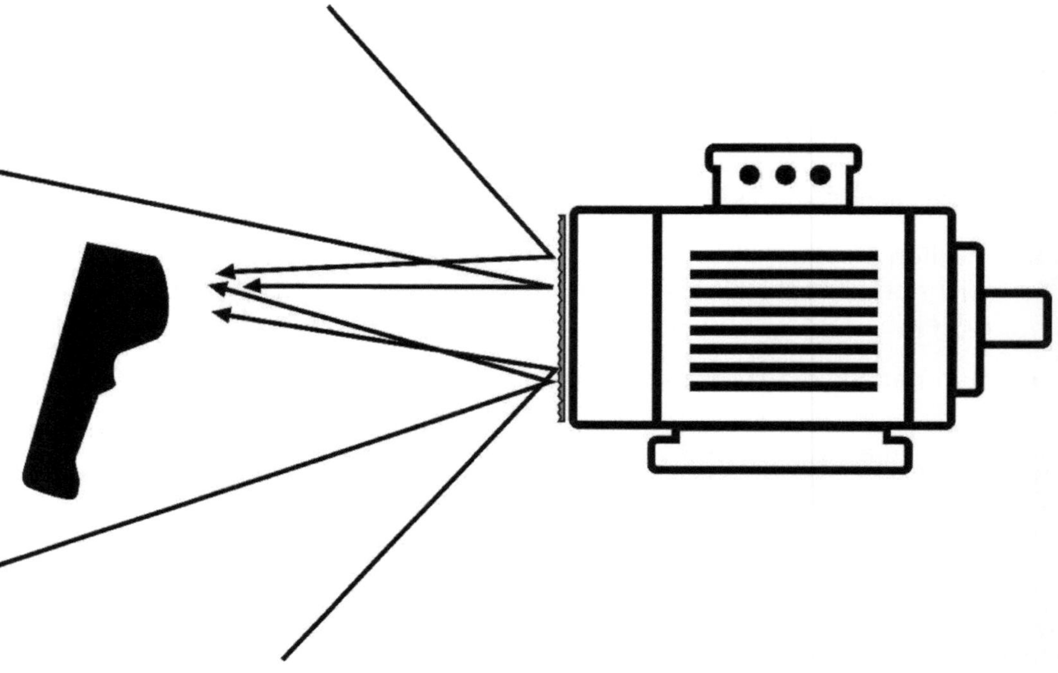

Reflektionen

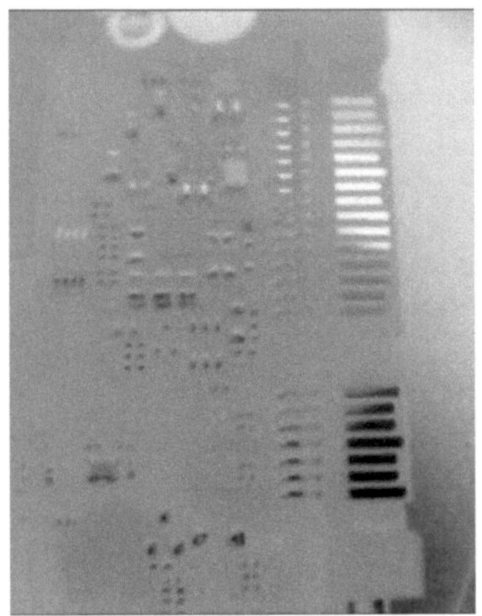

Falsche Hot- und Cold spots.

Ein einfaches Beispiel für eine Situation mit komplexen Reflektionen wir die Aufnahme dieser Platine.

Diese Platine lag einige Stunden bei Zimmertemperatur auf einem Tisch und die gesamte Platine hat an jeder Stelle die gleiche Temperatur.

An den glänzenden Pins treten Reflektionen sehr stark auf und wir sehen hier gut, dass sich drei unterschiedliche Objekte darin spiegeln und den falschen weißen Cold spot sowie den falschen schwarzen Hot spot erzeugen.

Um die Temperaturen genau messen zu können, müsste man also alle drei reflektierten Temperaturen ermitteln und dann bei jedem Messpunkt die passenden Werte einstellen.

Hier haben wir ein flaches Objekt und die Reflektionen werden nur durch die unterschiedlichen Sichtwinkel zu den verschiedenen Punkten beeinflusst. Komplexere geometrische Formen steigern die Anzahl der Reflektionswinkel und erschweren das korrekte erfassen der Szene enorm.

Wobei hier das Ermitteln genauer Temperaturen wegen dem geringen Emissionswert der metallischen Stellen ohnehin sehr fraglich ist.

In so einem Fall sollte man definitiv mit entsprechenden Messsprays oder Messaufklebern arbeiten um den Emissionswert zu erhöhen.

Hierbei muss man auch berücksichtigen welche Art der Reflektion bei der aktuellen Aufnahme vorherrscht.

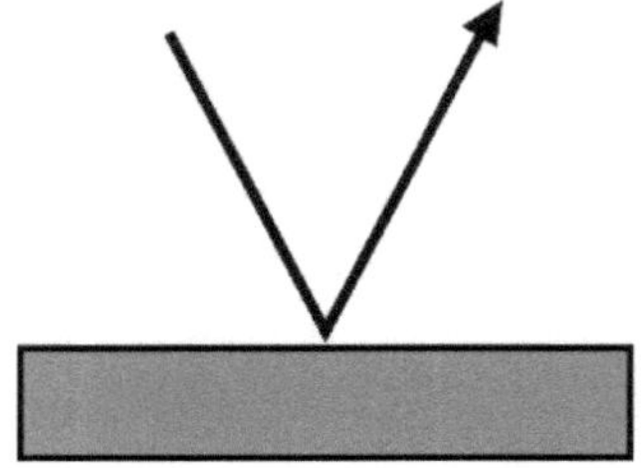 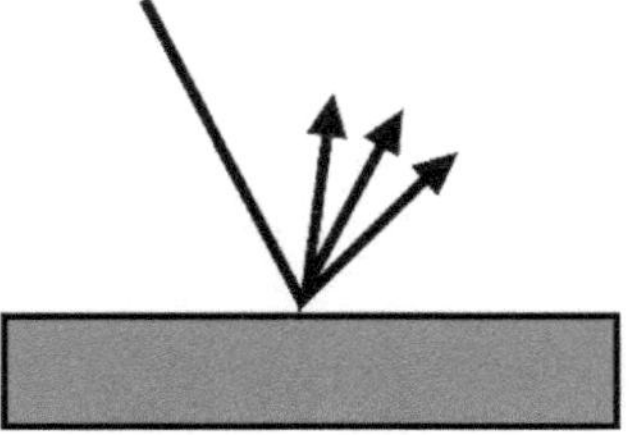 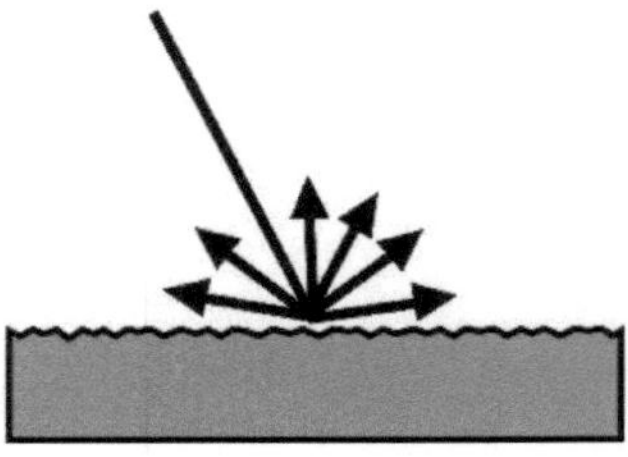

Ideale-, reale und diffuse Reflektion (von links nach rechts)

Bei Spiegelungen und glatten Oberflächen gilt das Reflektionsgesetz, das besagt: Der Einfallswinkel ist gleich dem Reflektionswinkel. Dies gilt sowohl für Tageslicht als auch für infrarote Strahlung.

Bei einer idealen Reflektion wird ein auftreffender Strahl wieder als perfekter Strahl reflektiert. In der Realität wird ein reflektierter Strahl ein wenig gestreut.

Eine raue Oberfläche sorgt für eine diffuse Reflektion, die einen Strahl in alle möglichen Richtungen streut.

Hierbei gilt auch, dass je mehr ein Strahl gestreut wird, umso schwächer wirkt die Reflektion.

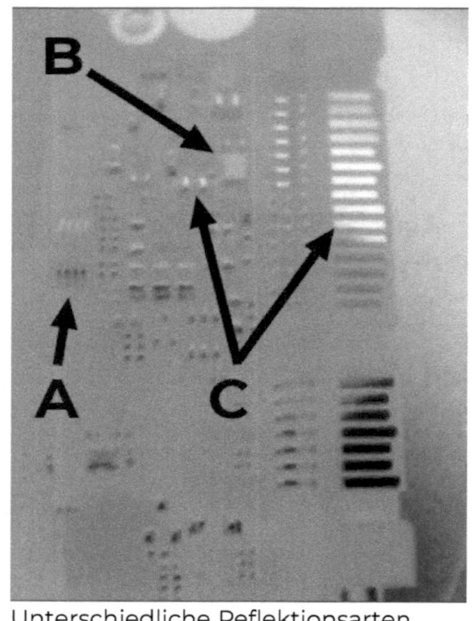

Unterschiedliche Reflektionsarten

An dieser Platine können wir alle drei Reflektionsarten sehen.

Der Mikrochip mit der Kennzeichnung **A** ist schwarz und hat eine leicht raue Oberfläche. Darum hat er einen sehr hohen Emissionswert und reflektiert fast nichts.

Ohne die Reflektionen der Beinchen des Chips würde man nicht sehen, dass an dieser Stelle ein Chip verbaut ist.

Das Bauteil, welches mit **B** gekennzeichnet ist reflektiert deutlich schwächer als die glänzenden, metallischen Kontakte, die mit **C** gekennzeichnet wurden.

Wir erkennen hier sehr gut wie unterschiedlich diverse Materialen und Oberflächen reflektieren.

Besonders bei dem Bauteil **B** erkennt man dies gut. Dieses Bauteil liegt zwischen mehreren metallischen Oberflächen, die alle deutlich heller wirken.

Da die gesamte Platine und alle Bauteile die gleiche Temperatur haben, sind Reflektionen der Umgebung das Einzige was dafür sorgt, dass die Kamera unterschiedliche Temperaturen anzeigt.

Daher reflektiert Bauteil **B** definitiv das gleiche kühlere Objekt, dass sich in den Kontakten (**C**) spiegelt. Die diffusere Reflektion der leicht rauen Oberfläche sorgt allerdings dafür, dass es wirkt als wäre die Temperatur eine andere.

Hierbei reflektieren manche Objekte ganz unterschiedlich im Tageslicht- und Infrarot-Spektrum:

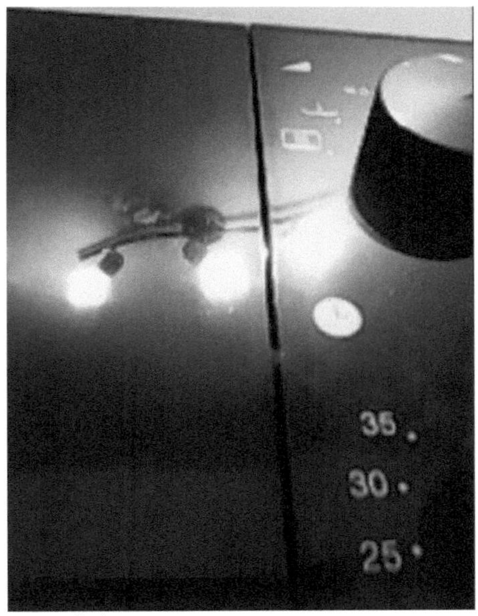

Tageslicht

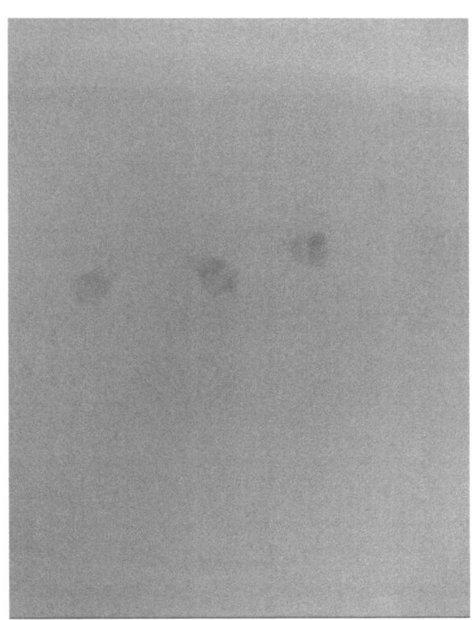

Infrarot

Man kann hier gut den Unterschied erkennen - diese glänzende schwarze Plastikoberfläche einer Mikrowelle spiegelt den Leuchter perfekt wider.

Im Wärmebild kann man nur wage Umrisse der drei Glühlampen erkennen obwohl diese gut 30 Minuten gelaufen und auf Temperatur sind...

Vor allem in der Bau-Thermografie sind Reflektionen etwas worauf man sehr genau achten muss. Hier haben wir es bei Außenaufnahmen mit großen Fensterflächen zu tun, die wiederum große Objekte wie andere Gebäude oder den Himmel reflektieren.

Meist reicht ein Schritt nach links oder rechts nicht aus um eine Reflektion aus dem Bild zu bekommen oder man verschiebt diese dann nur von einem auf ein anderes Fenster.

Wir müssen also bei der Analyse sehr genau darauf achten was echte und reflektierte Temperaturunterschiede sind.

Messfehler

Jedes Messgerät unterliegt physikalisch und technisch bedingten Messabweichungen. Die zulässige Größe dieser Messabweichungen unter Laborbedingungen wird vom Gerätehersteller in den Datenblättern angegeben.

Typische Angaben wären hierfür ±2°K oder ±2%.

Diese Angaben können im realen Einsatz allerdings deutlich schlechter sein!

Berechnungen, die auf Basis fehlerhafter Messdaten angestellt werden sind in der Folge dann auch fehlerhaft. Allerdings gibt es keine perfekten Messungen und darum muss man mit einer bestimmten Ungenauigkeit und Fehlerhaftigkeit leben.

Wie hoch der tolerierbare Fehler ist, hängt von der jeweiligen Anwendung ab.

Bei der Thermografie haben folgende Faktoren einen Einfluss auf die Größe des Messfehlers:

> Höhe des Emissionsgrades

> Umgebungs- und Objekttemperatur

> Wellenbereich und Gerätespezifikationen der Kamera

> Diverse physikalische Gesetzmäßigkeiten

Messfehler bei Schätzwerten

Wie wir gerade gelernt haben, ist es oftmals zu aufwendig die gesamte Messituation aufzuschlüsseln und jede reflektierte Temperatur genau zu ermitteln. Vor allem bei überlappenden Mehrfachreflektionen wird dies sehr aufwendig.

Daher wollen wir uns nun ansehen wie stark sich fehlerhafte Schätzwerte auf die Messergebnisse auswirken.

Reflektierte Temperatur:

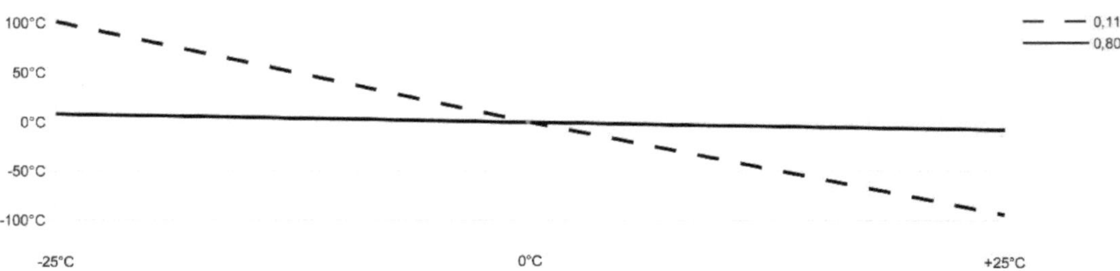

Ich habe hierbei jeweils einen Schätzfehler von ±25°C bei einem Emissionsgrad von 0,80 und 0,11 verglichen.

Die Ausgangssituation war 22°C Zimmertemperatur mit keinen außergewöhnlichen zusätzlichen Wärmequellen (*Glühlampen, Rechner, Maschinen, Heizkörper, etc.*) und ein 39,8°C warmes Objekt. Bei einem Emissionsgrad von 0,80 (*durchgezogene Linie*) war der Messfehler mit ca. ±6°C (*±15%*) nicht so dramatisch. Beim Emissionsgrad von 0,11 (*gestrichelte Linie*) war der Messfehler knapp ±100°C (*±250%*).

Damit können wir festhalten, dass der Messfehler mit abnehmenden Emissionsgrad immer gravierender wird.

Daher wirkt sich ein falsch geschätzter Nachthimmel bei der Gebäudethermografie nicht so gravierend auf den Wänden aus. Wir werden dies auch bei einem Beispiel im Kapitel Bau-Thermografie sehen.

Bei dem genannten Beispiel habe ich den Nachthimmel um 40-60°C falsch eingeschätzt und dennoch ist die Abweichung bei der Temperatur noch sehr gering da ich die Fassade mit einem Emissionsgrad von 0,95 thermografiert habe.

Außerdem sind, wie bereits erwähnt, Emissionsgrade unter 0,60 für eine Temperaturmessung auch ohne Schätzfehler schon fragwürdig. Dies ist daher nur ein hypothetisches Beispiel um eine möglichst große Auswirkung zu demonstrieren.

Das "Schätzen" bezieht sich hierbei nicht nur auf tatsächliche Schätzungen, sondern auch auf Mittelwertmessungen und manuelles mitteln verschiedenster gemessener reflektierter Temperaturen.

In den meisten Situationen finden Sie keine Idealbedingungen vor und Sie werden Dinge wie eine reflektierte Temperatur nicht exakt für jeden Punkt in der Aufnahme ermitteln können oder wollen. Daher ist dieser Wert meist auch nur eine fundiertere "Schätzung",

Sie sehen aber gut, dass sich ein paar Grad Ungenauigkeit bei einem Emissionswert von 0,80 oder darüber nicht sehr stark auswirken da selbst die gezeigte Abweichung von 25°C noch keine extreme Auswirkung hatte.

Emissionsgrad:

Wir müssen oftmals nicht nur die reflektierte Temperatur einschätzen, sondern auch den Emissionsgrad.

Das liegt daran, dass wir keine genauen Werte für das Material haben oder das sich der Emissionsgrad mit der Temperatur verändert und wir keine Korrekturwerte für die entsprechende Temperatur haben.

In diesem Beispiel habe ich das gleiche Objekt wie zuvor bei 22°C Raumtemperatur gemessen und hierbei den Emissionsgrad je Messung neu eingestellt:

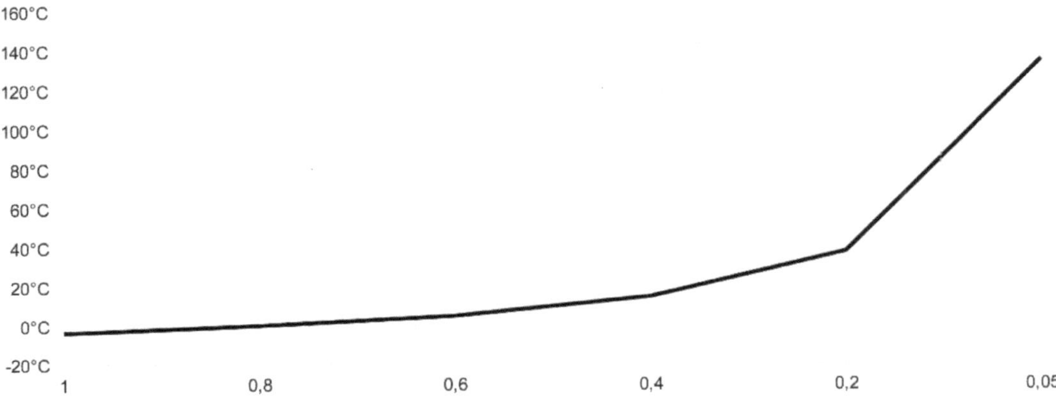

Der korrekte Emissionswert wäre hierbei 0,8. Bei 1,0 und 0,6 ist der Messfehler mit ca. ±4°C (±10%) nicht wirklich sehr groß.

Beim Emissionsgrad von 0,4 steigert sich dies auf ca. +15°C (*+40%*).

Sobald wir 0,2 statt 0,8 als Emissionsgrad verwenden, liegt der Messfehler bei +38°C bzw. +100% und bei 0,05 erreichen wir schließlich das Ende des Messbereichs meiner C210 in der „High gain" Einstellung (*hohe Signal-verstärkung*) und erhalten schließlich 176°C (*+350%*).

Auch der Emissionsgrad verzeiht kleinere Ungenauigkeiten vor allem wenn das zu messende Objekt ein guter Emitter ist. Je geringer der Emissionswert ist, umso genauer muss man die Daten erfassen.

Auch dies spricht dafür bei Messungen im Zweifelsfall lieber auf entsprechende Sprays oder Messaufkleber zu setzen.

Diese Aussagen muss man auch immer in entsprechenden Kontext sehen – je nach Anwendung können ±4°C oder ±6°C schon nicht mehr akzeptabel sein und je nach dem mit welchen Temperaturen wir arbeiten, steigert sich der Fehler unter Umständen auf ±40°C oder ±60°C.

Allerdings habe ich hier auch wieder bewusst Werte gewählt die schon sehr weit daneben liegen. Wenn wir Emissionswerte aus einer Tabelle nehmen oder die in der Kamera voreingestellten Werte für diverse Materialen auswählen, liegen diese eventuell um 0,01, 0,02 oder 0,05 daneben und dann ist dieser Effekt deutlich schwächer wie wir auch gut an dem Verlauf der Linie erkennen können.

Damit sollte man in den meisten Fällen Ergebnisse erreichen, die innerhalb der akzeptablen Messtoleranz liegen. Vor allem wenn man bedenkt, dass Thermografie nicht das beste Messverfahren ist um genaueste Messwerte zu erhalten!

Bestimmen des Emissionsgrades

Sie können einen ungefähren Emissionsgrad eines Materials diversen Tabellen entnehmen. Eine solche Tabelle finden Sie im Anhang und viele weitere derartige Tabellen gibt es im Internet.

Vor allem bei Metallen sind diese Werte meist sehr fragwürdig, da meist nicht bekannt ist wie rau die Oberfläche war oder um es Oxidation gab und in welchem Umfang.

Wenn eine möglichst genaue Temperaturmessung erfolgen soll, dann führt kaum ein Weg an der exakten Ermittlung des Emissionsgrades vorbei.

Natürlich könnte man auch mit Messaufklebern arbeiten, die einen bestimmten Emissionswert haben aber dies ist bei sehr hohen Temperaturen keine wirkliche Option.

Daher gibt es zwei Methoden den Emissionsgrad zu ermitteln. Hierzu sollten in beiden Fällen folgende Voraussetzungen gegeben sein:

> Die Oberflächentemperatur sollte mindestens 30°C (*bzw. 30 Kelvin*) über der Raumtemperatur liegen. Hierbei wird das Ergebnis umso besser umso höher der Temperaturunterschied ist.

> Umso geringer der Emissionsgrad ist, umso größer muss der Temperaturunterschied sein um eine ausreichende Genauigkeit zu erreichen.

> Die Objekttemperatur muss bekannt sein.

> Alle Parameter (*Luftfeuchtigkeit, reflektierte Temperatur, Entfernung, etc.*) müssen möglichst genau an der IR-Kamera eingestellt sein. Dies gilt vor allem für die Umgebungstemperatur.

> Komplexe Reflektionen sollten soweit möglich abgeschirmt werden, um eine möglichst einfach zu korrigierende Messituation zu schaffen.

Wenn diese Voraussetzungen gegeben sind können wir wie folgt vorgehen:

1. Einstellen der korrekten Parameter an der Kamera (*außer Emissionsgrad*).

2. Ermitteln der tatsächlichen Temperatur.

3. In unmittelbarer Nähe des Punktes an dem die Temperatur gemessen wurde mit der IR-Kamera messen und den Emissionsgrad so lange anpassen, bis die Wärmebildkamera den zuvor gemessenen Wert zeigt.

Wie gesagt kann die Temperatur auf zwei Arten ermittelt werden:

a) Temperaturermittlung per Kontaktthermometer

Hierbei sollte man bedenken, dass ein Kontaktthermometer die Stelle, die es berührt abkühlt. Je nach Masse des Thermometers ist diese Abkühlung stärker oder schwächer.

Daher gilt es eine gewisse Zeit zu warten - bis sich das angezeigte Messergebnis nicht mehr verändert und ein wenig darüber hinaus.

Die Genauigkeit hängt dabei natürlich von der Genauigkeit des Thermometers ab.

Im schlechtesten Fall könnte das Thermometer tendenziell eine zu hohe Temperatur anzeigen und die Kamera tendenziell eher zu kalt messen. Damit würde sich die Messungenauigkeit der Geräte gegenseitig aufschaukeln.

b) Temperaturermittlung per Messaufkleber

Hierbei stellen wir zunächst den korrekten Emissionswert für den Referenzaufkleber ein und messen dann damit auf dem Aufkleber die Temperatur.

Da wir mit dem gleichen Gerät messen, auf dem wir auch den Emissionswert ermitteln haben wir zumindest nicht das Problem, dass wir eventuell auf sich gegenseitig verstärkende Messungenauigkeiten treffen.

Dafür hängt die Genauigkeit von der Genauigkeit der zusätzlichen Parameter ab.

Die Ermittlung der Referenztemperatur kann man bei entsprechend niedrigeren Temperaturen durchführen um den Aufkleber nicht zu beschädigen bzw. um sicher mit dem Kontaktthermometer messen zu können.

In beiden Fällen bleibt die Veränderung des Emissionsgrades in Abhängigkeit der Temperatur als zusätzliche Ungenauigkeit. Außerdem können leichte Veränderungen der Oberfläche einen großen Einfluss haben. Daher ist meiner Meinung nach das Arbeiten mit einem Referenzaufkleber oder entsprechenden Sprays vorzuziehen sofern dies in der aktuellen Messsituation möglich ist!

MESSTECHNISCH RELEVANTE GERÄTEEIGENSCHAFTEN IM DETAIL

In diesem Kapitel wollen wir diejenigen Geräteeigenschaften etwas genauer betrachten, die einen zusätzlichen Einfluss auf die Messgenauigkeit der Kamera haben.

Thermische Auflösung (NETD)

NETD steht für Noise Equivalent Temperature Difference oder rauschequivalente Temperaturdifferenz zu deutsch.

Diese Eigenschaft beeinflusst die Details in Wärmebildern maßgeblich. Je kleiner das NETD ist. umso geringere Temperaturunterschiede kann die Kamera wahrnehmen. Eine Angabe von beispielsweise 50mK bzw. 50 Millikelvin (0,05°C) bedeutet aber nicht, dass man derart geringe Temperaturunterschiede auch im Bild sehen kann.

Einerseits hat die Palette einen großen Einfluss darauf wie gut oder schlecht man feine Unterschiede erkennt und andererseits sind unsere Augen nicht wirklich gut darin feinste Farbunterschiede zu erkennen.

Dazu kommt dann auch noch, dass die Monitore auf denen wir die Bilder betrachten auch nicht perfekt sind.

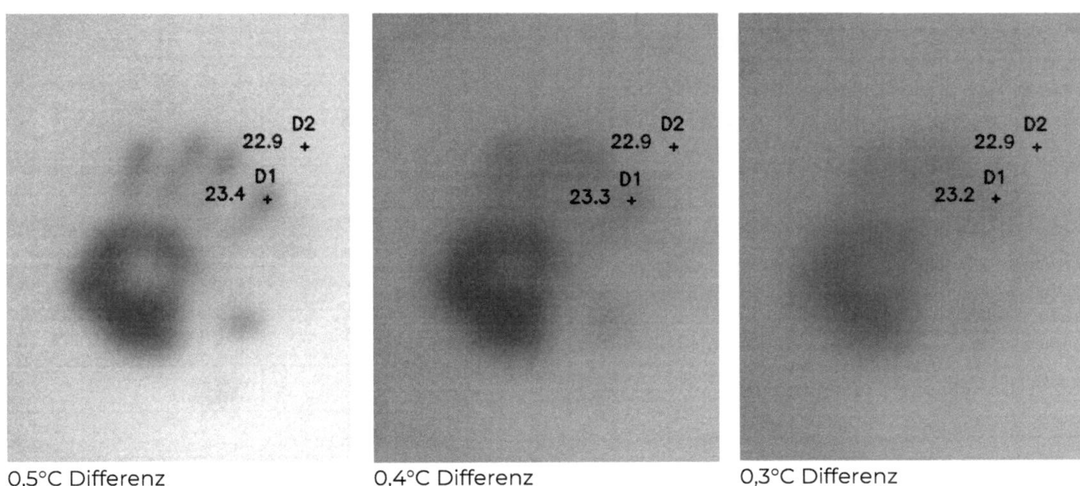

0,5°C Differenz   0,4°C Differenz   0,3°C Differenz

Bei den hier gezeigten Bildern eines langsam verblassenden bzw. abkühlenden thermischen Handabdrucks zeigt sich sehr gut wie Palette und NETD zusammenspielen.

Messtechnisch können wir noch feinere Temperaturunterschiede erfassen, auch wenn unsere Augen die Farbnuancen nicht mehr sehen können!

Außerdem sorgen feiner aufgelöste Temperaturunterschiede für nuanciertere Daten, auf die dann eine Palette angewendet wird.

Somit hat das NETD einen direkten Einfluss auf die Messgenauigkeit und einen indirekten Einfluss auf die bildliche Darstellung.

Eine Kamera mit entsprechend kleinerem NETD ist also in der Regel einer Kamera mit höherem NETD vorzuziehen obwohl die Herstellerangaben zum Qualitätsvergleich äußerst fragwürdig sind, da hier auch andere Faktoren hineinspielen wie wir bereits im Kapitel Wärmekapazität gesehen haben.

Im Zweifelsfall sollte man die Kameras lieber selbst testen und die Bilder in Ruhe vergleichen!

Bei 0,3°C Temperaturdifferenz ist die Graustufen-Palette quasi am Limit und ich kann die Differenz nicht mehr sehen. Andere Paletten wie Rainbow oder Rainbow HC würden noch 0,2°C Temperaturdifferenz anzeigen.

Die Messwerte zeigen uns trotzdem noch klar an, dass es einen entsprechenden Temperaturunterschied gibt. (*siehe letztes Wärmebild*)

Geometrische Auflösung (FOV / IVOF)

Das "Field of View" (*FOV*) hängt ab von der Detektorgröße und der Brennweite des Objektivs. Wobei günstige Kameras ein fest verbautes Objektiv haben. Höherpreisige Modelle bieten oftmals die Möglichkeit mit Wechseloptiken zu arbeiten.

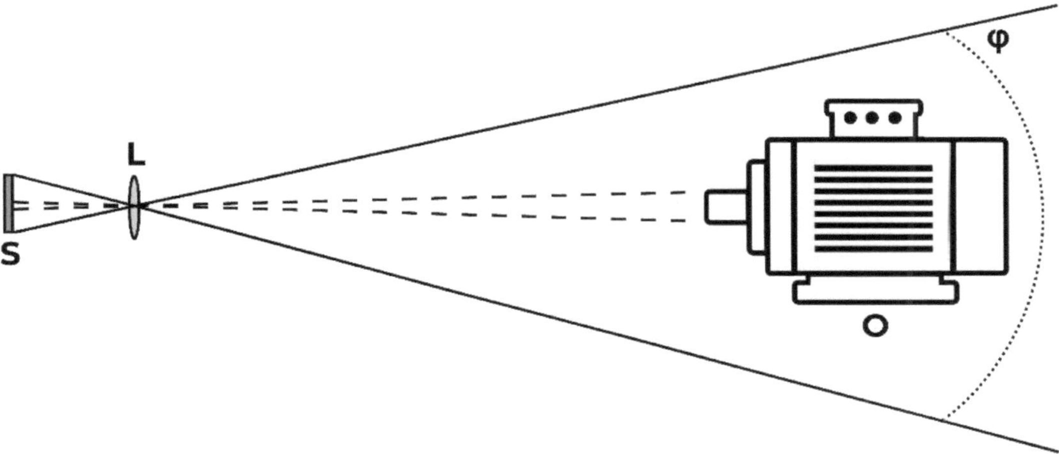

Das FOV (*durchgezogene Linie*) definiert den Bildausschnitt der auf den Sensor (**S**) projiziert wird. Die Linsen (**L**) des Objektivs verändern mit der Brennweite und dem Abstand zum Sensor den Winkel dieser Projektion.

Je weitwinkeliger das Objektiv ist, umso größer ist der Öffnungswinkel (**φ**).

Weitere Distanzen kann man mit einem Teleobjektiv (*kleiner Öffnungswinkel*) gut überbrücken und ein Objekt (**O**) so näher heranholen. Mit einem weitwinkeligen Objektiv (*großer Öffnungswinkel*) können wir große Objekte schon bei geringer Entfernung komplett abbilden.

IFOV (*gestrichelte Linie*) bezieht sich auf den Öffnungswinkel eines einzelnen Pixels und diese Größe ist vor allem wichtig um den Messfleck zu errechnen.

Berechnung des Bildfeldes:

Die Formel lautet: `Abstand x TAN(Öffnungswinkel)`

Nehmen wir dazu die Daten meiner Pocket2 mit einem FOV von 50x37°:

```
2m x TAN(50°) = 2m x 1,19 = 2,38m horizontal
2m x TAN(37°) = 2m x 0,75 = 1,50m vertikal
```

Diese Kamera kann also beinahe 2,4 x 1,5m Fläche aus 2m Abstand abbilden.

Beim FOV einer M10 (*25°x19°*) sieht es anders aus:

```
2m x TAN(25°) = 2m x 0,47 = 0,94m horizontal
2m x TAN(19°) = 2m x 0,34 = 0,68m vertikal
```

Das deutlich engere Sichtfeld der M10 erlaubt es aus 2m Abstand gerade mal etwas mehr als ein A1 Blatt abzubilden.

Für das IFOV (*Instataneous Field of View*) gilt das gleiche wie für das FOV, nur das wir uns hierbei auf das Zusammenspiel aus Pixelgröße und Brennweite beziehen und nicht auf den gesamten Sensor.

Die Angabe erfolgt normalerweise im **mrad**. Sind die Sensorpixel quadratisch, dann wird meist nur ein Wert für IFOV genannt. Andernfalls würden separate Werte für das horizontale und vertikale IFOV ausgewiesen.

Wir können das IFOV auch errechnen. Die Formel ist:

Öffnungswinkel in Radiant : Pixelanzahl

zB bei der Pocket2:

```
50° bzw. 0,873 (Radiant) / 256 = 0,0034 = 3,4mrad
42° bzw. 0,646 (Radiant) / 192 = 0,0034 = 3,4mrad
```

Mit dem IFOV (*in Radiant umgerechnet*) können wir die abgedeckte Fläche eines Pixels wie am Anfang des Buches bereits gelernt berechnen:

```
1 Pixel = Abstand * (IFOV in mrad / 1000)
```

zB bei der Pocket2:

```
2m bzw. 2000mm x (3,4 mad / 1000) = 6,8mm
```

Dieser Wert stellt aber ideale Bedingungen dar. So müsste ein Objekt mit 6,8 x 6,8mm genau deckungsgleich auf einem Pixel ausgerichtet sein und auch das Objektiv müsste perfekt arbeiten.

In der Realität ist aber nichts perfekt!

Zur Erinnerung - eine verlässliche Messfeldgröße ist 3x3 bis 5x5 Pixel.

Damit können wir aus 2m Abstand Objekte die ca. 20 x 20mm bzw. 34 x 34mm groß sind messen.

Wenn eine verlässliche Temperaturmessung wichtig ist, muss im Vorfeld errechnet werden ob eine Sensor- / Objektivkombination überhaupt geeignet ist.

Falls dies nicht der Fall wäre, kann man ein Objektiv mit einem engeren Öffnungswinkel (*Teleobjektiv*) verwenden oder den Abstand zum Objekt das man messen will verringern (*falls dies möglich und sicher ist*).

Alternativ dazu muss man eine andere Kamera verwenden, deren Objektiv ein entsprechend engeres FOV hat.

Wie wichtig es ist den Messfleck zumindest mit dem Objekt zu füllen, haben wir bereits am Anfang des Buches gelernt. Ist der Messfleck nicht mit dem zu messenden Objekt gefüllt, ist die gemessene Temperatur ein Mittelwert aus dem Objekt und dem Hintergrund.

BILDLICHE DARSTELLUNG

Ein sehr wichtiger Bereich bei der Thermografie ist die bildliche Darstellung des Thermogramms. Diese kann eine Aussage unterstreichen oder völlig unverständlich machen.

Die Signalverarbeitung der meisten Infrarot-Kameras erfolgt mit 12, 14 oder 16 Bit. Diese Daten müssen dann mit den passenden Einstellungen für „Level" und „Span" in ein 8 Bit Bild (*zB JPEG*) umgewandelt werden.

Wir sehen uns im Folgenden an welche verschiedenen Stellschrauben wir dazu zur Verfügung haben...

Palette

Die Palette ist das Farbschema, das auf die Daten angewendet wird. Je nach Palette kann ein Unterschied deutlicher oder weniger deutlich aufgezeigt werden. Sehen wir uns dazu ein Beispiel an...

Hierzu habe ich kochendes Wasser in eine Tasse gegossen und direkt danach ein Wärmebild aufgenommen:

Iron oder auch Ironbow

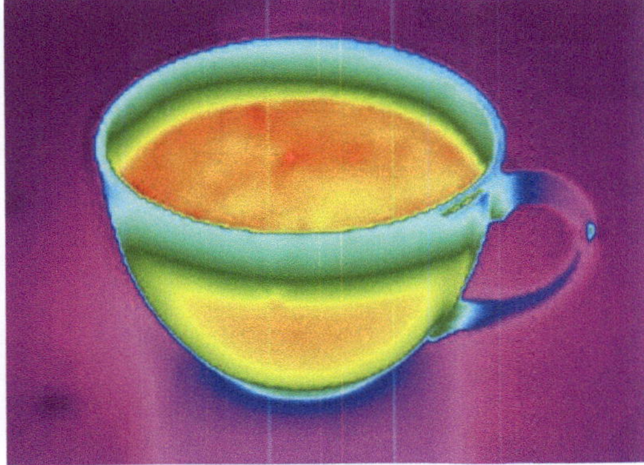

Rainbow HC (High Contrast)

Hierbei wird deutlich, dass die Palette "Rainbow HC" deutlich stärker betont, dass kochendes Wasser nach dem eingießen in ein Gefäß eine relativ interessante Maserung zeigt. In der Iron Palette kann man diese maximal erahnen. Hierbei haben die verschiedensten Paletten die folgenden Vor- und Nachteile:

> **Iron / Ironbow** bietet den besten Mittelweg zwischen dem Erkennen der Objekte und der Darstellung von Temperaturunterschieden. Außerdem kann diese Palette auch in Schwarz-Weiß gedruckt werden und ist dennoch gut zu interpretieren.

> **Rainbow bzw. Rainbow HC** bietet den größten thermischen Kontrast um kleine Temperaturunterschiede besser hervorzuheben. Dafür ist das manuelle Fokussieren und generell das Erkennen von Objekten mit Rainbow oftmals schwerer.

> **Graustufen** erleichtert das Erkennen von Objekten deutlich, da wir nicht durch Farben abgelenkt werden. Dafür ist das Erkennen kleiner Temperaturunterschiede deutlich schwerer.

Span bzw. Kontrast

Mit dem Span legen wir fest welche Temperaturbereiche berücksichtigt werden sollen:

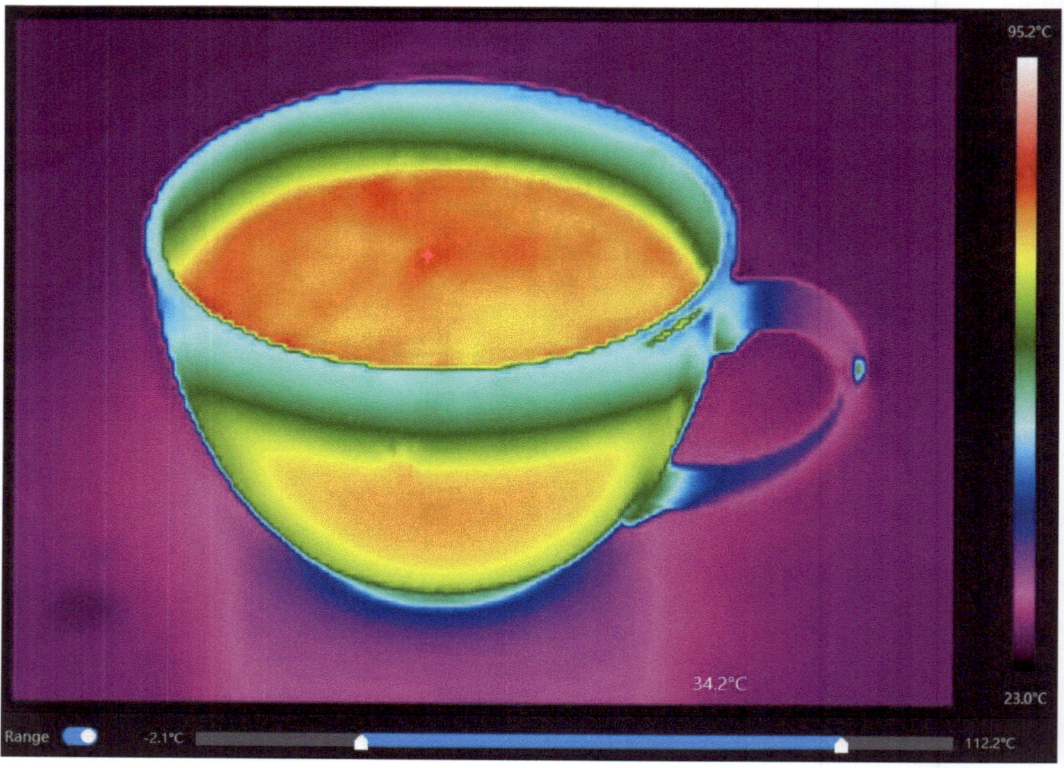

Der Span von 23 - 95°C zeigt alle im Bild vorkommenden Temperaturen.

Temperaturen, die über dem maximalen Span liegen würden in Weiß darge-stellt und Temperaturen, die unter der minimalen Span-Temperatur liegen wür-den Schwarz dargestellt werden.

Durch das Beschränken des dargestellten Temperaturbereichs (*Span*) könnten die thermischen Unterschiede im Wasser viel deutlicher hervorgehoben werden.

Allerdings verliert das Wärmebild an Kontext und ohne eine begleitende Beschreibung würden die meisten Menschen nicht erkennen, dass es sich hier um eine Tasse mit einer heißen Flüssigkeit handeln soll:

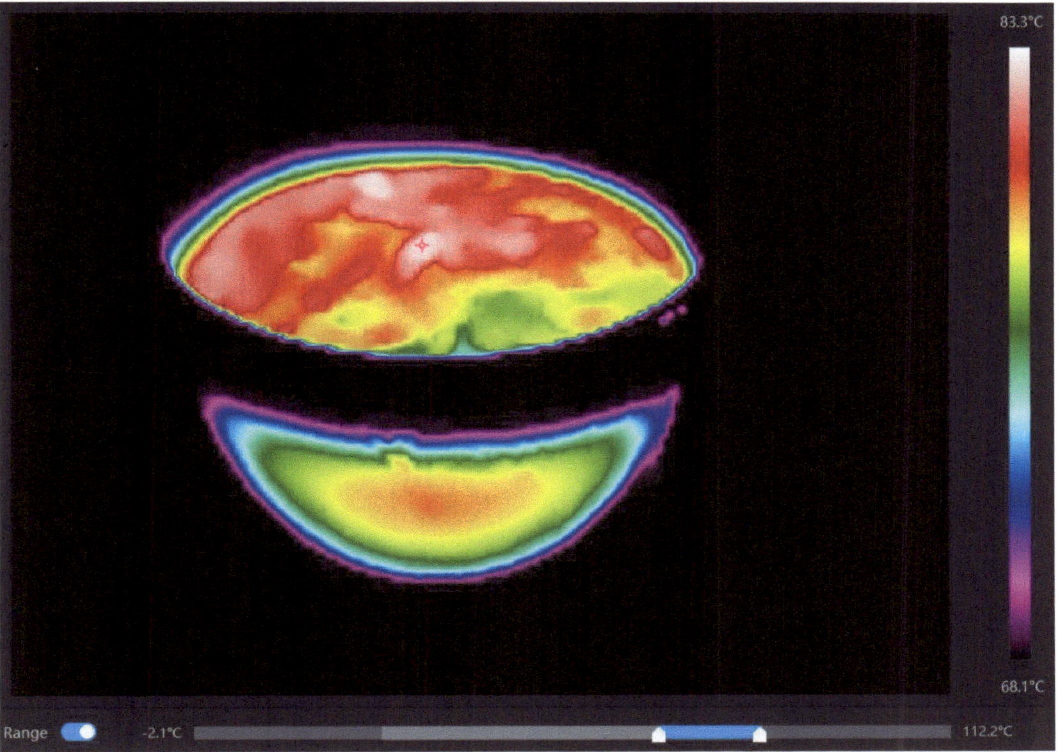

Dies ist übrigens auch ein schönes Beispiel für Wärmeströmung. Wir sehen hier wie sich die kühleren und wärmeren Anteile des Wassers langsam mischen.

Level bzw. Ausschnitt

Hiermit bestimmen wir die Position auf der Temperaturskala, die betrachtet werden soll:

Durch das Verschieben des angezeigten Bereiches (*Span*) an das untere Ende der Temperaturskala betrachten wir nun die Erwärmung der Arbeitsplatte auf der die heiße Tasse steht und nicht wie im Span-Beispiel die Temperaturunterschiede im Wasser selbst.

Autolevel

Die meisten Kameras bieten die Funktion, dass die Kamera Level und Span automatisch ermittelt und für jedes Bild setzt.

Dies mag für viele Anwendungsfälle funktionieren, aber nicht für alle!

Die Kamera kann nicht wissen welcher Bereich im Bild wichtig ist und welcher nicht und darum wird versucht alle im Bild vorhandenen Temperaturen einzubeziehen. Mit anderen Worten, das Bild das für den Vergleich der Paletten herangezogen wurde ist das Ergebnis der automatischen Ermittlung von Level und Span.

Sie können diese Funktion gern verwenden - behalten Sie aber immer im Hinterkopf, dass dadurch die wiedergegebene Situation verwaschen werden kann und kleine Temperaturunterschiede schnell übersehen werden können vor allem wenn eine Palette ausgewählt ist, die weniger Kontrast bietet.

BAU-THERMOGRAFIE

Die Thermografie von Gebäuden kommt vor allem bei der Begutachtung und Fehlersuche aber auch bei Energieberatungen zum Einsatz.

Im Gegensatz zu anderen Arten der Thermografie sind wir hierbei von äußeren Faktoren abhängig. Thermografieren wir ein Gebäude dann zeigen sich Unterschiede in der Temperatur von Oberflächen nur dann, wenn es auch einen entsprechend großen Unterschied zwischen der Innen- und Außentemperatur gibt! Dieser sollte mindestens 10°C betragen!

Wenn wir die 10°C unterschreiten wird es wesentlich schwerer Probleme zu erkennen, da diese undeutlicher hervortreten und die von Problemen verursachten Temperaturdifferenzen immer kleiner und damit schwerer zu thermografieren werden.

Diese Temperaturdifferenz sollte im Idealfall über mehr als 4 Stunden vorherrschen und wir müssen beim Thermografieren auch darauf achten, dass wir den Einfluss von direkter Sonneneinstrahlung beachten und uns möglichst auf Bereiche konzentrieren die nicht von der Sonne aufgeheizt wurden, um korrekte Ergebnisse zu erhalten.

Das gilt natürlich auch für indirekte Sonneneinstrahlung - wenn die Sonne die Außenseite einer Wand erhitzt, kann dies die Temperaturunterschiede an der Innenseite eventuell verfälschen!

Im Grunde sind Wärmeübertragung und Wärmekapazität hier die wichtigsten Grundlagen mit denen wir arbeiten.

Sonneneinstrahlung kann uns allerdings auch bei einigen Dingen helfen - Wasser kann Wärmeenergie gut speichern und wenn zB ein Dach über den Tag aufgeheizt wurde dann kühlen trockene Stellen schneller ab als Stellen an denen Wasser eingedrungen ist. Erinnern Sie sich an das Beispiel mit der Hähnchenkeule - der fleischige Teil blieb viel länger warm als das andere Ende an dem nur Haut und Knochen waren! Dazu müsste es maximal 3-5 Tage zuvor geregnet haben.

Ein weiterer störender Faktor ist Wind. Dieser kann Oberflächen abkühlen und dies geschieht je nach Material unterschiedlich schnell wegen der unterschiedlichen Wärmekapazität und der unterschiedlichen Oberfläche. Auch das kann das Ergebnis verfälschen. Daher ist die Thermografie, vor allem von Außen, bei starkem Wind von mehr als 20-25km/h nicht zu empfehlen. Dies gilt ganz besonders nach einem Regenschauer da Verdunstungskälte diesen Effekt nochmals verstärkt.

Eine Wärmebildkamera zeigt nur Temperaturunterschiede auf und die Interpretation der Aufnahmen ist nicht immer eindeutig. Daher kommen meist auch andere Messgeräte oder Tests zum Einsatz. Thermografie zeigt hierbei oftmals nur Bereiche auf, die man sich genauer ansehen sollte.

Meine Empfehlung wäre es das Gebäude 48 - 72 Stunden vorher etwas stärker aufzuheizen (*damit die thermische Trägheit der diversen Materialien einen Wärmedurchgang erlaubt*) und dann 2 - 4 Stunden vor der thermografischen Untersuchung die Heizung abzudrehen damit diese beim Thermografieren nicht stört!

Um den Luftaustausch und damit die Effekte wie Erwärmung oder Abkühlung zu erhöhen kann man Blower Door Geräte einsetzen. Dies ginge allerdings weit über den Umfang dieses Buches hinaus... Außerdem sind Probleme tendenziell bei Innenaufnahmen besser sichtbar als bei Außenaufnahmen.

Sehen wir uns einige einfache praktische Beispiele an:

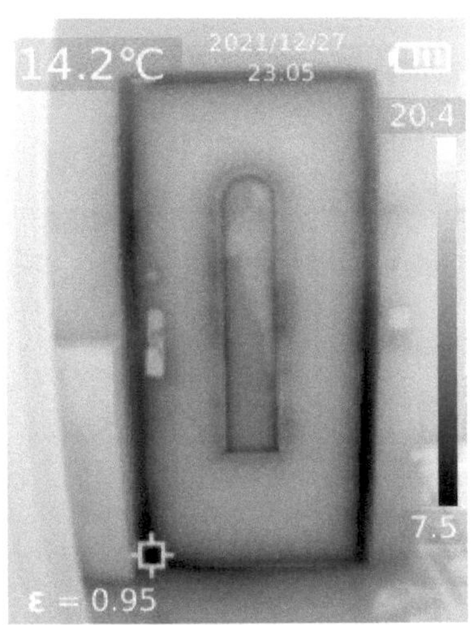

Die Gummidichtung an der Türe ist verschlissen und sollte ausgetauscht werden.

Dies ist auch ein gutes Beispiel für Wärmeströmung. Durch die unzureichende Dichtung kann mehr warme Luft ausströmen und der Türspalt kühlt ab.

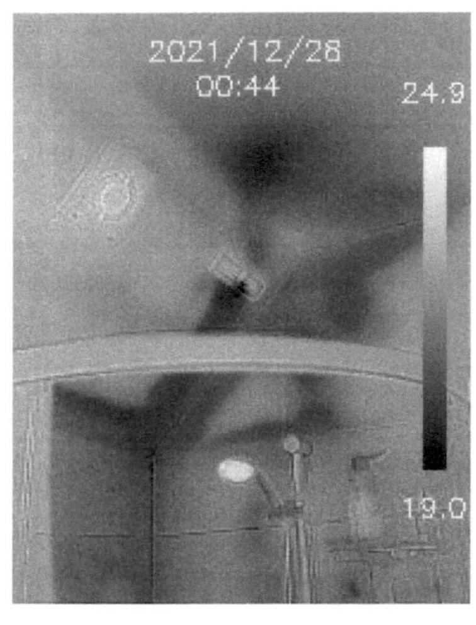

Hier kann man gut erkennen wie sich das Wasser seinen Weg in der Wand bahnt.

Die dunklen Bereiche sind feucht.

Zur besseren Orientierung habe ich hier die iMix Kantenüberlagerung gewählt damit der Duschkopf und die Führungsschiene der Duschkabinentür besser erkennbar sind.

Bei der Suche nach Feuchtigkeit sollte man auch die relative Luftfeuchtigkeit beachten. Diese ist ein Prozentwert der die Sättigung der Luft bei der aktuellen Raumtemperatur angibt.

Hierbei gilt, dass warme Luft mehr Feuchtigkeit aufnehmen kann als kalte Luft. Je geringer die relative Luftfeuchtigkeit ist umso stärker kann Feuchtigkeit verdunsten und umso stärker ist der Effekt der Abkühlung von feuchten Stellen. Ist die Luft stark gesättigt (*hohe Luftfeuchtigkeit*), dann findet kaum noch Verdunstung statt und die Temperaturunterschiede sind schwerer auszumachen.

Die ca. 50% Luftfeuchtigkeit, die ein normales Raumklima haben sollte, sind absolut passend, sollten aber nicht stark überschritten werden.

Im Idealfall sollten Bilder 4-12 Stunden vor der Untersuchung abgehängt werden und Möbel die direkt an der Wand stehen sollten ebenfalls abgerückt werden.

Man sollte sich angewöhnen die Wände eines Raumes immer in der gleichen Reihenfolge abzuarbeiten - zB von der Türe aus gesehen immer im Urzeigersinn. Wenn man dies kontinuierlich für jeden Raum macht, erleichtert das das Schreiben eines Berichtes enorm.

Es ist auch empfehlenswert alle Funde zusätzlich auf einer Kopie des Planes einzuzeichnen (*zB mit der Bild-Nummer die die Kamera laufend hochzählt*) um Verwechslungen und Fehler zu vermeiden.

Natürlich kann man Feuchtigkeit auch mit anderen Dingen wie ungenügender Isolierung verwechseln. Darum sollte man zur Bestätigung noch ein Feuchtigkeitsmessgerät nutzen. Flir bietet dazu Kombigeräte an (*Flir MR160 mit mäßig*

guten 80x60 Pixeln Auflösung und das MR277 mit 160x120 Pixeln Auflösung),
die Feuchtigkeismessgerät und Wärmebildkamera in einem sind.

Wir sehen hier, dass die Ecke und die Wand hinter dem Hängeschrank etwas abgekühlt ist. Dies liegt an der ungenügend verschlossenen Abluftdurchführung für den Dunstabzug.

Dieser ist nicht Dicht und so kann warme Luft entweichen was dazu führt, dass die Ecke abkühlt.

Der Effekt ist Innen nicht so deutlich sichtbar und wird von außen deutlich klarer. (*siehe nächstes Wärmebild*)

Bei der Außenansicht sehen wir sehr deutlich wie das Regenschutzgitter an der Außenfassade wegen der entweichenden warmen Luft als heller Kreis herausleuchtet.

Uns fällt hier aber noch ein weiteres Phänomen auf - der kälteste Punkt an der Fassade ist -23°C kalt. Die Außentemperatur beträgt aber genau wie die Tagestiefsttemperatur -10°C. Diese 13° kältere Messung kommt von der Spiegelung des sehr kalten Nachthimmels (*-50°C oder noch kälter*).

Hier konnte ich knapp noch die 45° Grenze für Wärmebildaufnahmen einhalten aber manchmal muss man mit dem Platz arbeiten, den man zur Verfügung hat und eventuelle negative Effekte durch den Aufnahmewinkel bei der Auswertung bedenken!

Ich habe bewusst die reflektierte Temperatur an der Kamera auf -10°C gestellt, damit Spiegelungen von umliegenden Gebäuden berücksichtigt werden. Hierbei ging ich davon aus, dass die Fassaden mit einem Emissionsgrad von ca. 0,95 nicht viel des kalten Himmels widerspiegeln und ich habe die Lufttemperatur als reflektierte Temperatur gesetzt, da einige Stunden nach Sonnenuntergang die Fassaden entsprechend abgekühlt sind. Von dieser Position aus, spiegelte sich aber der Himmel in der Fassade des Gebäudes und darum war die reflektierte Temperatur um 40-60°C zu niedrig angesetzt. So sehen sie gleich ein Beispiel für einen realen Effekt bei so einem Fehler.

Derartige Dinge müssen wir immer mit bedenken, wenn wir Thermogramme interpretieren. Die Innenaufnahmen zeigen eine Abkühlung und die Außenaufnahmen zeigen deutlich woher diese kommt.

Als kleines Beispiel wie Wärmekapazität diverse andere Faktoren zusammenspielen, habe ich eine Grafik der Temperaturen eines Daches erstellt, welches einen Feuchtigkeitsschaden hat:

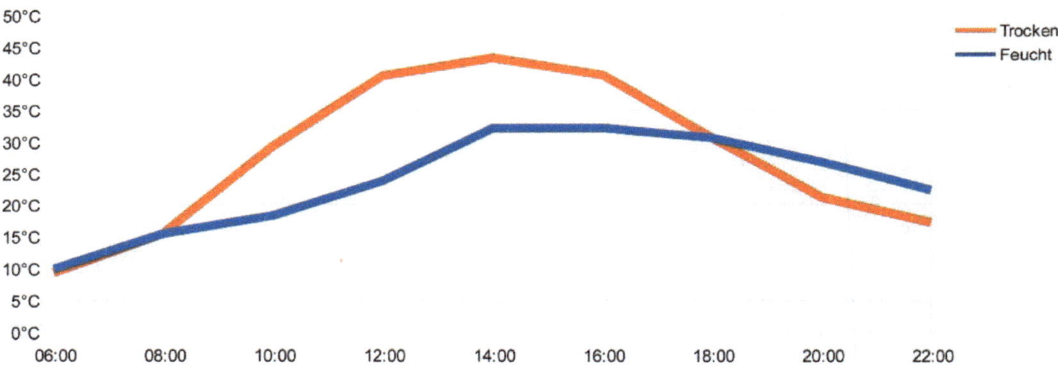

Man erkennt hier gut das Prinzip der Wärmekapazität. Die feuchte Stelle erwärmt sich durch Sonneneinstrahlung viel langsamer, hält aber auch die Wärme deutlich länger als die trockenen Bereiche.

Daher erscheint eine feuchte Stelle je nach Tageszeit wärmer oder kälter im Thermogramm. Außerdem gilt es die bestmöglichen Bedingungen für ein aussagekräftiges Wärmebild abzuwarten.

Bei der oben gezeigten Außenansicht war dies einige Stunden nach Sonnenuntergang damit die dunkle Fassade die von der Sonne aufgeheizt war abkühlen konnte. Wir müssen beim Thermografieren die Grundlagen der Wärmeübertragung und Wärmespeicherung berücksichtigen und entsprechend Arbeiten!

Ein weiterer sehr wichtiger Faktor ist das korrekte einstellen der reflektierten Temperatur bei Außenaufnahmen. Wenn ein Objekt viel Nachthimmel spiegelt, der eventuell sogar noch wolkenlos ist, ist ein bestimmter Anteil dieser Reflektion Strahlen aus dem Weltall mit sehr tiefen Temperaturen.

Wenn wir hier dann korrekte Temperaturen messen müssen (*quantitative Messung*) und nicht nur qualitativ Messen, ist das korrekte bestimmen der Reflektierten Temperatur sehr wichtig! Errechnete reflektierte Temperaturen von -20 oder -30°C sind dabei keine Seltenheit.

Eine weitere Anwendung wäre das Untersuchen von Klimaanlagen und Heizungen. Hierbei können in der Regel vier Bereiche untersucht werden:

Auslässe
Hier kann man die Effekte untersuchen, die die kalte Luft verursacht. Das gezeigte Muster lässt darauf schließen wie gut sich die Kalte Luft verteilt.

Heizelemente

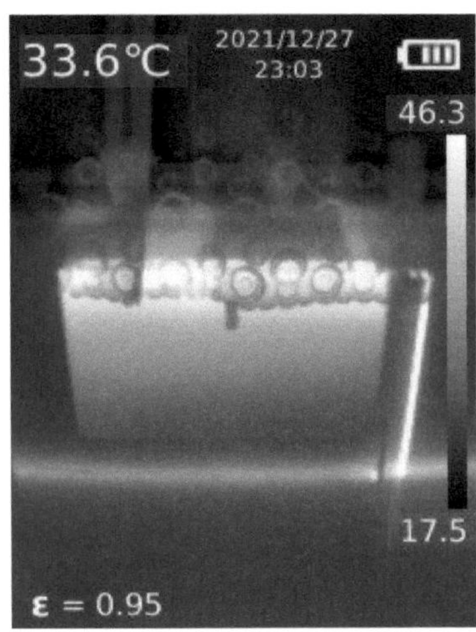

Wir sehen hier nicht nur, dass die Heizung einwandfrei funktioniert, sondern auch, die Warmwasserleitung die aus dem Nebenraum kommt und unter der Heizung weiter zum nächsten Heizkörper läuft.

Wäre Luft im Heizkörper, dann würde dieser zu einer Seite hin weniger warm werden.

Durch die partielle Erwärmung des Bodens kann eine Wärmebildkamera auch die Leitungen einer Fußbodenheizung sichtbar machen.

Kanäle bzw. Leitungen
… können darauf hin untersucht werden ob diese gut isoliert sind oder Lecks haben. Außerdem können wir auf diese Art und Weise oftmals Kanäle und

Leitungen in Zwischendecken lokalisieren. So können wir auch aufzeigen wo zB Leistung verloren geht.

Kühlelemente
Bei Klimaanlagen kann man zB die Bildung von Eis gut sehen.

Außerdem zeigen thermische Auffälligkeiten an, ob ein Kompressor zB mechanische Probleme hat.

Die zu prüfende Anlage sollte dazu mindestens seit 30 Minuten im Betrieb sein. Außerdem gilt auch hier das zuvor gesagte mit dem einheitlichen Abarbeiten der Räume immer in der gleichen Richtung und dem Vermerken von Funden auf einem Plan.

Auch hier muss man oftmals gefundene Auffälligkeiten erst mit weiteren Messinstrumenten oder Untersuchungen bestätigen.

ELEKTROTHERMOGRAFIE

Ein sehr wichtiges Feld ist der Bereich der Elektrothermografie denn bei diversen anderen Dingen ist auch bei elektrischen Anlagen übermäßige Hitze das erste Vorzeichen eines Ausfalls - sei es eine Sicherung oder ein Elektromotor.

Hierbei sind Werte natürlich immer in Abhängigkeit von der aktuellen Situation zu sehen denn eine erhöhte Temperatur ist während einer Lastspitze deutlich weniger kritisch als bei geringer Belastung.

Personen ohne Ausbildung im Bereich der Thermografie versuchen hierbei oftmals indirekte Messungen um Zeit zu sparen. Dies funktioniert allerdings in der Regel nicht!

Dazu habe ich einen kleinen Versuch gemacht und eine LED-Glühbirne 20 Minuten in einem verschlossenen Karton brennen lassen:

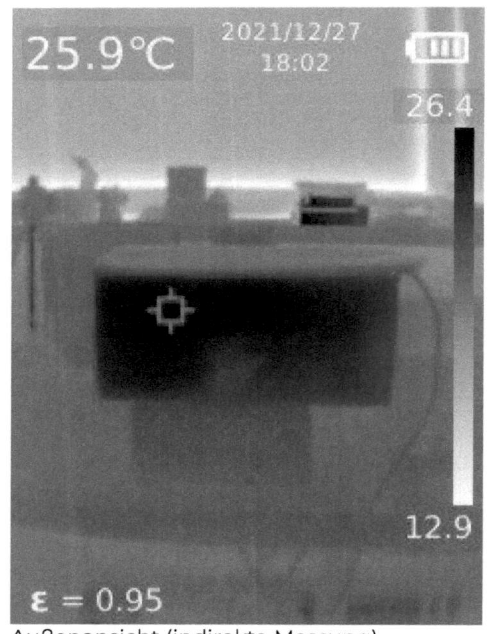

Außenansicht (indirekte Messung)

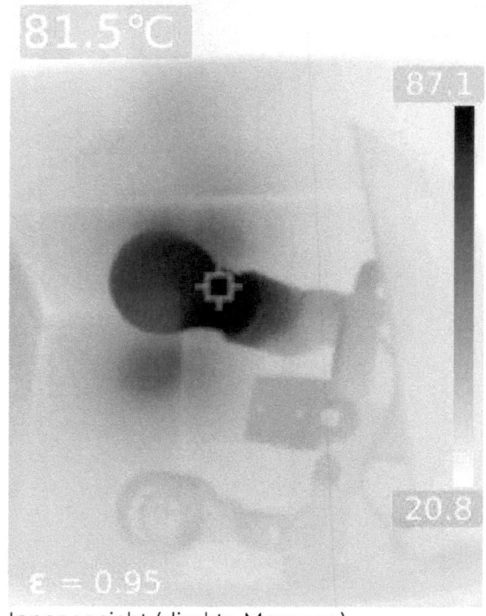

Innenansicht (direkte Messung)

An der Außenseite wurden mir nicht ganz 4°C mehr als die Umgebungstemperatur angezeigt. Die viele Luft in dem Karton isoliert gut und die Temperatur im inneren muss schon dramatisch ansteigen damit man eine deutliche Veränderung bei einer indirekten Messung merkt. Ein schönes Beispiel dafür, dass viele Materialien IR-Strahlung nicht durchlassen. Wir messen also nur die Abstrahlung, die von der Oberfläche ausgeht.

Sobald wir den Karton öffnen sehen wir, dass die LED-Glühlampe 81,5°C warm ist!

Genau das ist der Grund warum Abdeckungen und Paneele für eine Thermografie abgenommen werden müssen, wenn dies möglich ist.

Viele Teile die wir messen müssen sind aus Metall und haben einen sehr geringen Emissionsgrad. Daher sollten wir uns lieber an Aufklebern oder auch Bohrungen und nicht belegten Gewinden zur Verschraubung orientieren. Diese haben einen deutlich höheren Emissionsgrad.

Bei diversen Bauteilen wie zB Transformatoren bleibt uns allerdings nur die Möglichkeit einer indirekten Messung denn oftmals ist es zu Gefährlich oder aus anderen Gründen nicht möglich die Abdeckungen zu entfernen.

In diesem Fall helfen Informationen zu den Materialien und dem Aufbau sowie das Wissen über Wärmeübertragung und andere Grundlagen, die passenden Temperaturen zu errechnen.

Hierbei arbeiten wir oftmals vergleichend und beobachten Schaltschränke, Elektromotoren und diverse andere Dinge regelmäßig und achten hierbei auf Veränderungen der Temperaturen.

Wir können auch einen Vergleich mit anderen Komponenten heranziehen. Zwei baugleiche Sicherungen für zwei Stromkreise mit ähnlicher Last, müssen auch eine ähnliche Temperatur haben...

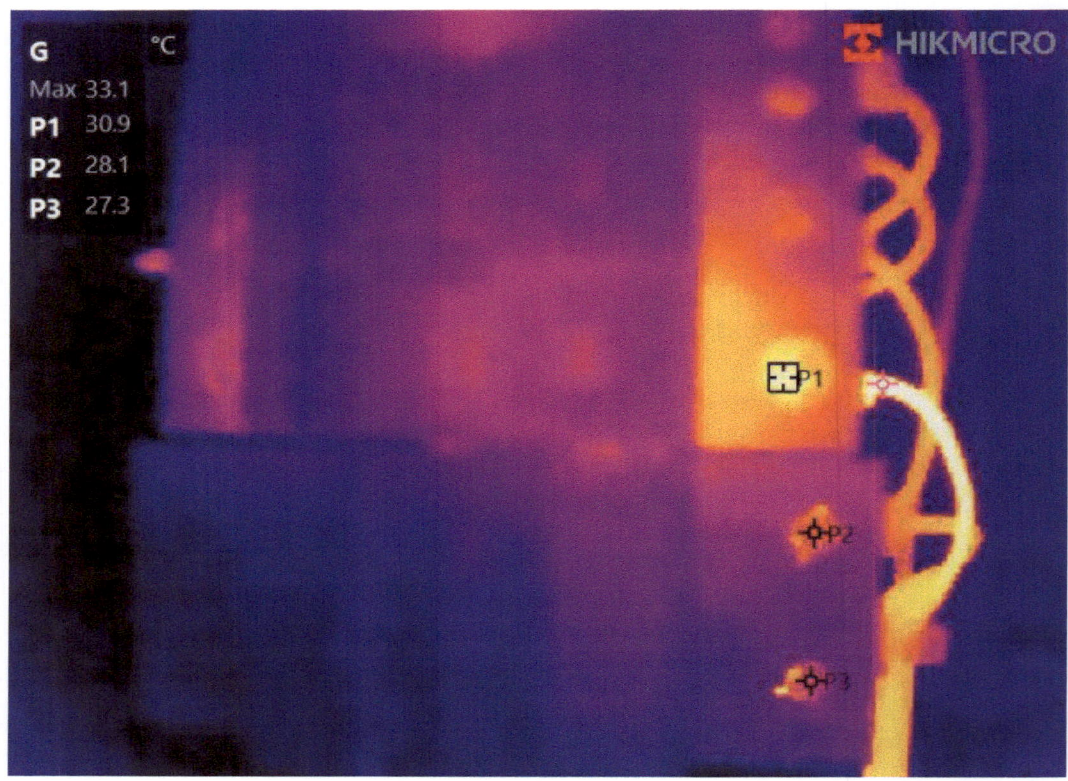

Hier sehen wir klar, dass ein Anschluss des Sicherungsautomaten im Vergleich zu den anderen deutlich wärmer ist. Dies kann auf eine ungleichmäßige Lastverteilung oder andere Probleme hindeuten.

Hier habe ich bewusst eine ungleiche Lastverteilung herbeigeführt um so diesen Effekt zu zeigen. Der Automat wurde wenige Minuten stärker belastet und schon zeigten sich die ca. 3°C Temperaturunterschied. Hier nutzen wir den Hohlraumeffekt bei den Schraublöchern aus.

Dieser ist noch nicht dramatisch, aber ein gutes Beispiel wie einfach Wärmebildaufnahmen kleine Unterschiede aufzeigen!

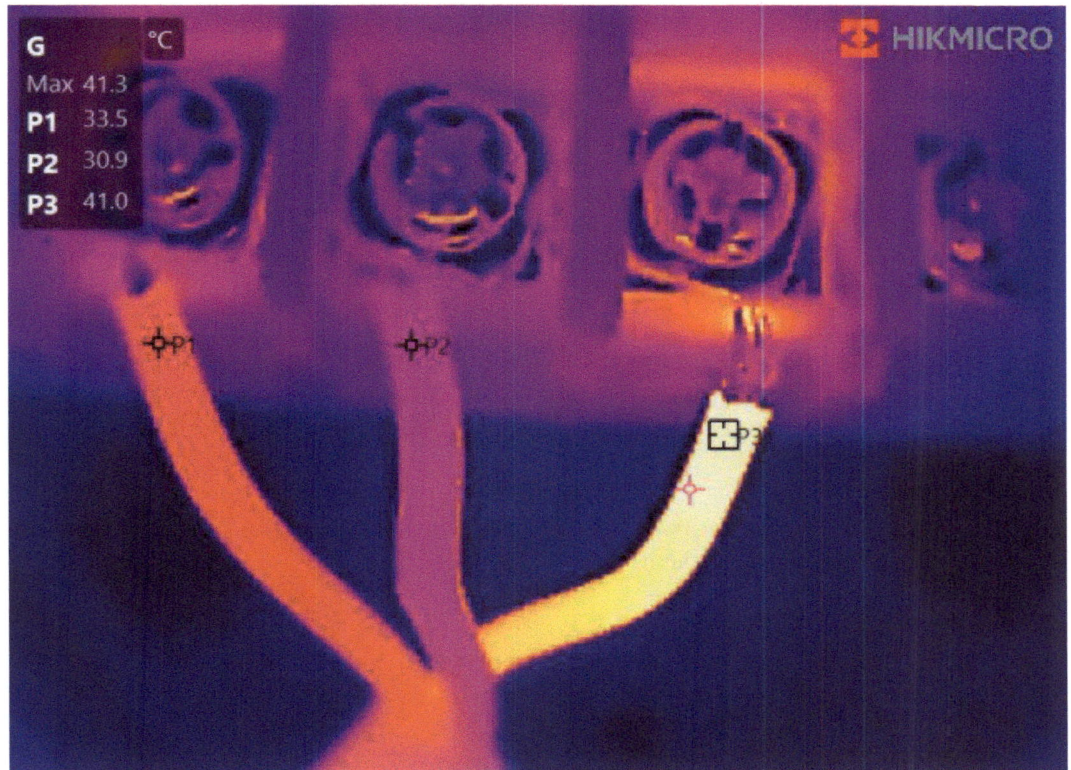

Hier sehen wir eine Makroaufnahme einer Klemme. Der rechte Leiter wurde ohne Aderendhülse angeklemmt und dazu habe ich die Schraube so stark ich konnte angezogen. Dies führte dazu, dass einzelne Litzen abgerissen wurden und dadurch wurde der Querschnitt massiv verringert.

Diese Engstelle verursacht nun eine entsprechende Temperaturerhöhung. Wir sehen auch gut wie der Temperatur-Gradient von der Klemmstelle die Leitung entlangläuft. Außerdem sehen wir wie das Stück blanke Leitung die Plastikverkleidung der Klemme durch die Berührung erwärmt.

Die Kupferlitzen des Kabels selbst und die Schrauben wirken im Thermogramm nicht heiß, da diese einen geringen Emissionsgrad haben. Eine Messung ermöglicht hier einzig die Isolierung des Kabels und andere Plastikteile!

Gibt es mehrere Zuleitungen dann sollte sich die Last und damit auch die Temperatur gleichmäßig auf diese verteilen. Ist eine der Zuleitungen kälter als die anderen, dann ist dies ein Anzeichen für ein Problem.

Strom nimmt den Weg mit dem geringsten Widerstand und vermeidet eine Leitung mit der schlechteren Verbindung und dem damit verbundenen höheren Widerstand. Gäbe es mehrere Leitungen an einer Klemme, wobei eine Leitung einen schlechten Kontakt hätte, erhöht sich die Last auf den verbleibenden Leitungen.

Es würde sich also genau das gegenteilige Bild dessen zeigen, was wir zuvor bei der einen Leitung mit verringertem Querschnitt und damit schlechterer Verbindung sahen. In unserem Beispiel hatte der Strom keine Möglichkeit auf eine andere Leitung auszuweichen.

Auch derartige Grundlagen müssen entsprechend berücksichtigt werden, wenn wir Elektro-Thermogramme interpretieren.

Elektrischer Strom erzeugt immer auch thermische Energie. Die Menge der thermischen Energie errechnet sich aus der Menge der elektrischen Energie und der Zeit, die diese fließt (*Stromwärmegesetz bzw. Joule-Lenz-Gesetz*).

Eine der Schwierigkeiten ist bei der Elektrothermografie die Menge der unterschiedlichsten Materialien von Metallen bis Plastik und Gummi ist hier einiges dabei. Gleiches gilt für die unterschiedlichsten Oberflächenbeschaffenheiten von glänzend bis matt oder glatt bis rau.

Dieser Mix aus verschiedenen Emissionsgraden, Wärmeleitfähigkeiten und Wärmekapazitäten erfordert entsprechendes Wissen um eine korrekte Temperaturmessung vorzunehmen!

Genau darum wird auch so gern auf einen Vergleich mit einem älteren Bild der Komponente oder mit dem Bild einer ähnlichen Komponente zurückgegriffen. Dabei sollten jedoch die unterschiedlichsten Kriterien übereinstimmen von der Umgebungstemperatur über die Last bis hin zur Sonneneinstrahlung oder Wind der zusätzlich kühlen könnte sollten die Bedingungen möglichst ident sein.

Hierbei ist es natürlich sehr wichtig genau zu wissen wie der Normalzustand aussehen sollte! Daher ist es nicht unüblich neue Komponenten knapp nach der

Inbetriebnahme zu thermografieren um einen entsprechenden Referenzwert zu haben.

Wir haben auch je nach dem internen Aufbau (*Kupfer, Aluminium*) unterschiedliche Widerstände und thermische Eigenschaften bei Sicherungsautomaten. Und je nach dem was darüber läuft auch eine ganz unterschiedliche Last.

Es ist im Grunde auch völlig egal ob ein Sicherungsautomat mit 50, 55 oder 60°C überhitzt. Ist ein Automat relativ gesehen beispielsweise um 10°C wärmer als ein vergleichbarer oder um 10°C wärmer als beim letzten Thermogramm, dann sollte man den Ursachen dafür auf den Grund gehen...

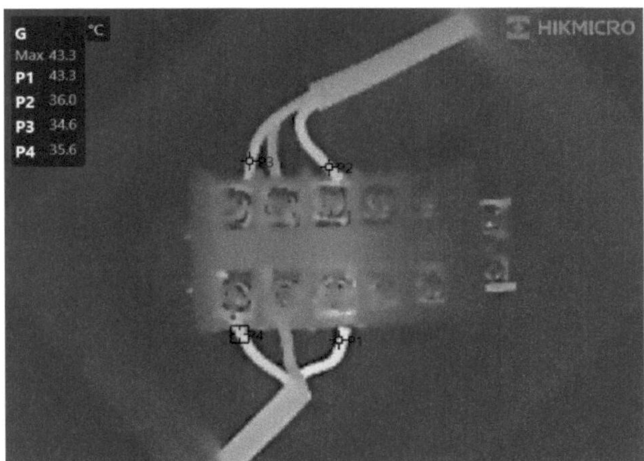

Gleiches gilt für die einzelnen Kabel – zusammengehörige Kabel einer Sicherung oder einer Klemme sollten auch gleich warm sein. Ist dies nicht der Fall, liegt wahrscheinlich ein Problem vor!

Hier sehen wir zB einen Temperaturunterschied von ca. 7°C zwischen den Kabeln an der mittleren Klemme (*P1 und P2*).

Es kommt natürlich auch darauf an wie wichtig die thermografierte Komponente ist und wie auf Probleme reagiert werden soll. Es ist heutzutage nicht unüblich Komponenten weiterlaufen zu lassen bis diese ausfallen da oftmals die Reparaturkosten eine Neuanschaffung bzw. einen Austausch übersteigen. Diese Komponenten müssen dann oftmals gar nicht thermografiert werden oder die Thermogramme sollen nur dazu dienen frühzeitig Ersatzteile zu bestellen, wenn es längere Lieferzeiten gibt.

Wichtig ist, dass vor der Untersuchung für mindestens eine Stunde die Last mit der gemessen wird anliegt. Elektrischer Strom ist der Fluss von Elektronen und da jeder Leiter einen mehr oder weniger großen Widerstand hat, entsteht hierbei Reibung und Reibung bedeutet Wärme die eine IR-Kamera sehen kann.

ELEKTRONIK-THERMOGRAFIE

Wir setzen diese Art der Thermografie am häufigsten zur Fehlersuche ein. Thermografie erlaubt uns nicht nur zu sehen wo sich Teile erwärmen sondern auch wo Teile eben nicht wärmer werden.

Damit können wir sowohl Kurzschlüsse als auch Unterbrechungen sehen. Wobei eine Unterbrechung nur als Fehlen von Hitze zu sehen ist und dazu muss man wissen welche Bauteile sich erwärmen sollten.

Wir haben im Datenrettungslabor hierbei den Vorteil, dass wir tausende Festplatten und PCBs (*Printed Circuit Board*) auf Lager haben und so in der Regel eine funktionierende Platine als Muster für einen Vergleich haben. Wir thermografieren also ausschließlich qualitativ!

Sehen wir uns ein konkretes Beispiel an:

Der Kunde hat uns mitgeteilt, dass die Platte keine Geräusche mehr macht und einfach tot ist. Zur Sicherheit habe ich zuerst die Platine entfernt und mit einem PC-Netzteil mit Strom versorgt.

Level und Span manuell gesetzt

An der Kamera habe ich dann den Temperaturbereich manuell geregelt und den unteren Bereich so stark angehoben, dass der PCB nur noch leicht schemenhaft zu erkennen war. In diesem Fall war dies 26° bis 35°C

Dann habe ich die Platine mit Strom versorgt und sah das nebenstehende Bild.

Der einzige Chip der geringfügig auf Temperatur kam war der Chip für die Motorensteuerung. Der Speicher-Chip und die CPU bzw. MCU blieben kalt.

Man muss hierbei darauf achten, dass keine Reflektionen von warmen Geräten in der Umgebung das Bild verfälschen. Die schwarzen Microchips haben einen recht hohen Emissionsgrad und sind nicht das Problem aber einige andere Dinge wie zB Kontakte oder metallische Bauteile sind viel schwerer zu Thermografieren. Hier bekommt man die Metallteile alle als recht Kühl angezeigt, weil sich der "kalte" Raum darin spiegelt.

Wenn Metallteile als heiß aufleuchten sollte man sicherstellen keine Reflektion zu sehen und auch auf eine Erwärmung der Umgebung achten. Meist erkennt man Probleme nicht direkt an den Kontakten, sondern an der Platine selbst oder am Körper der Komponente!

Hier sehen wir, dass die Komponenten, die von der 5V Leitung versorgt werden alle kalt bleiben. Das bedeutet, dass die 5V Leitung irgendwo unterbrochen ist.

Mit dem Multimeter finde ich gleich am Beginn der 5V Versorgung einen 0 Ohm Widerstand, der keinen Durchgang hat. Nachdem der Widerstand überbrückt oder ersetzt wurde, wechsle ich zu einem Labornetzteil um mit einer vorsichtig dosierten Strommenge zu prüfen ob weitere Komponenten defekt sind.

Daher habe ich dann gezielt die 5V Leitung mit max. 500mA als Stromstärke versorgt. Daraufhin sah ich folgendes Bild:

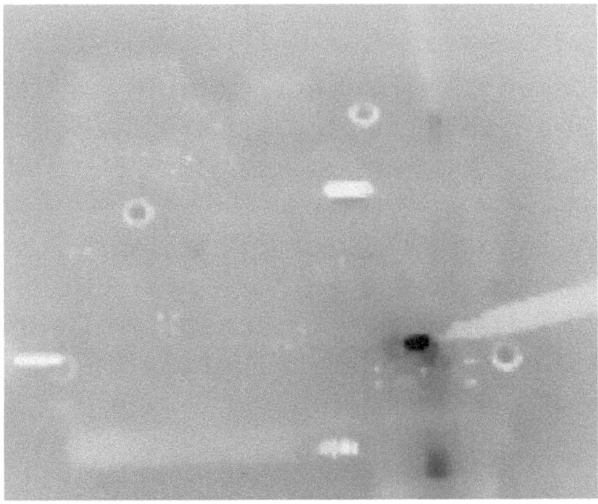

Kurzgeschlossenes Bauteil wird sichtbar

Ich arbeite in der Regel mit der Thermokamera auf einem Schwenkarm und finde es in solchen Situationen schneller und einfacher einen Plastik-Stab als Zeiger zu nehmen anstatt den Arm zu verstellen und eventuell auch erneut zu fokussieren.

Wir sehen hier sehr gut, dass das Kabel heiß wird und die TVS-Diode ebenfalls. Wobei heiß hier relativ ist - die Skala geht in diesem Fall von 25° bis 33°C.

Der Vorteil einer Thermokamera ist, dass man mit sehr geringer Stromstärke arbeiten kann und so die Bauteile schont. Diese 8°C Temperaturunterschied reichen mehr als aus damit die entsprechenden Teile aufleuchten.

Im Gegensatz zu Sicherungen und Widerständen die im defekten Zustand den Stromkreis unterbrechen schließen TVS-Dioden, wie die hier gezeigte, im defekten Zustand einen Stromkreis kurz.

Ein kurzer Test mit dem Labornetzteil zeigt, das weder auf der 5V noch der 12V Leitung die maximale Stromstärke erreicht wird und die Spannung konstant bleibt. Wenn wir nun die Platine über ein einfaches Netzteil mit Strom versorgen, sehen wir das folgende Bild:

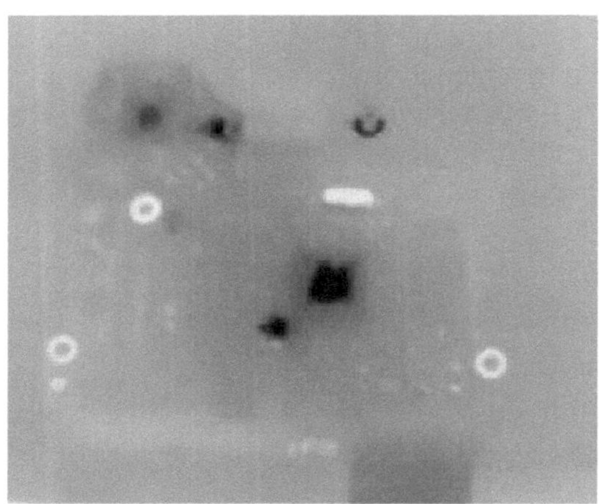

PCB im Normalzustand

Alle Chips und Spannungsregler sind warm, aber es wird kein Bauteil besonders heiß! Würde ein Bauteil besonders heiß werden, würde sich bei diesem relativ engen Temperaturbereich schnell ein großer Fleck abzeichnen wie in dem folgenden Bild gezeigt.

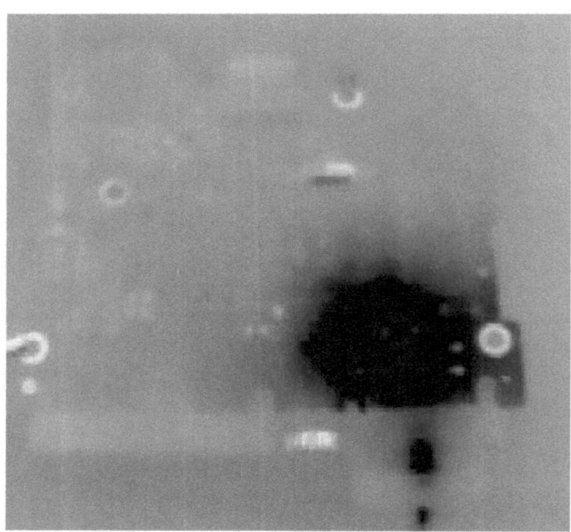

Zu starke Erwärmung

Hieran sehen wir auch warum wir mit einem Labornetzteil testen sollten und nicht mit einem ungeregelten Netzteil.

Wenn wir den Strom nicht begrenzen können diverse Bauteile so heiß werden, dass Sie sich selbst entlöten. Dabei können umliegende Bauteile beschädigt werden.

Außerdem erkennen wir so nicht wirklich welches Bauteil defekt ist, weil das Bauteil die ganze Umgebung mit erwärmt.

Die Wärmeübertragung der Temperatur auf umliegende Bereiche entstand in nicht einmal einer Sekunde!

Im Grunde ist dies die praktische Anwendung alles bisher gelernten und da wir bei derartigen Fehlerdiagnosen meist nicht wissen müssen wie heiß ein Bauteil wird, ist die Thermografie dieser Dinge meist recht einfach, wenn man die Grundlagen verstanden hat.

Bei manchen Platinen ist die Diagnose recht trivial und auch hier hätte man ohne Thermokamera nicht wirklich länger gebraucht um diesen Überspannungsschaden an der Festplatte zu finden und zu diagnostizieren.

Oftmals reicht eine visuelle Inspektion aber Thermografie ist ein extrem nützliches Hilfsmittel bei komplexeren Problemen:

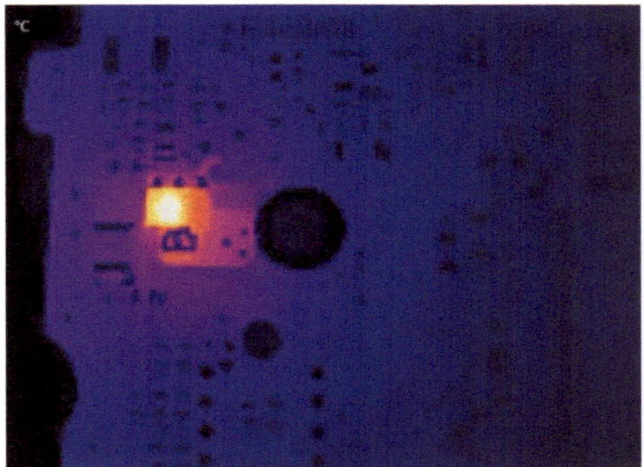

Hikmicro M10 – Kurzschluss auf Pin 1 und 2

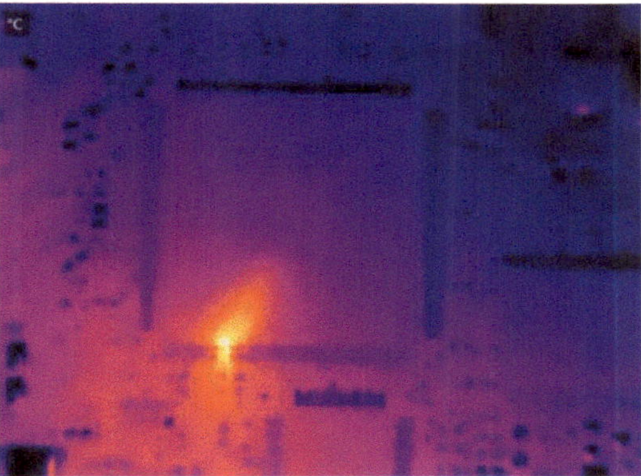

Hikmicro M10 – Kurzschluss auf einem Chip

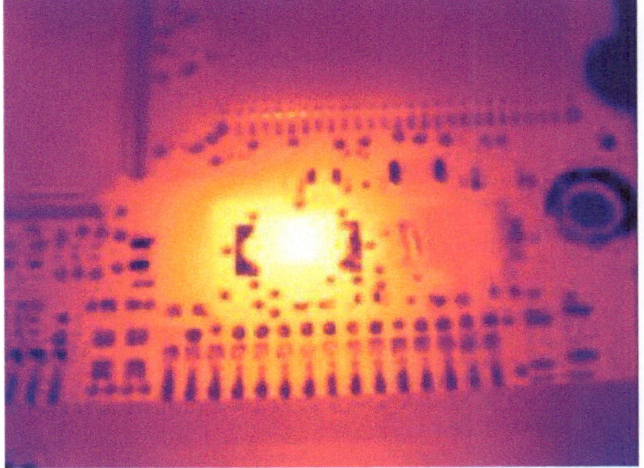

InfiRay C210 – Kurzgeschlossene TVS-Diode

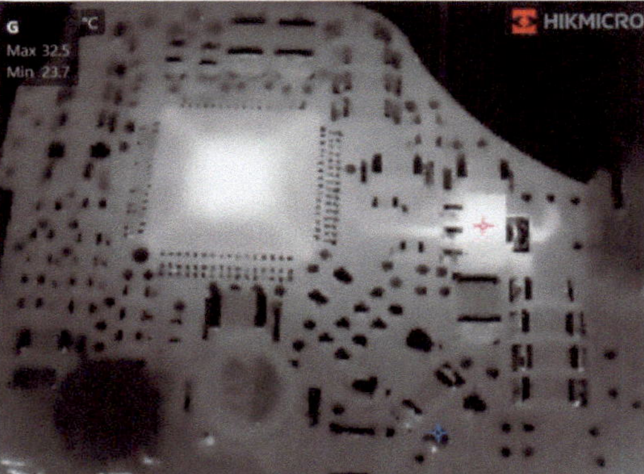

Hikmicro Pocket2 – Warmer Stromwandler

Wie Sie sehen schlägt sich hier auch die Bastellösung mit der InfiRay C210 + Nahlinse bzw. Pocket2 + Nahlinse sehr gut!

Eine weitere Funktion die bei der Elektro- und Elektronikthermografie wichtig sein kann, ist das Aufnehmen von Videos oder Zeitraffer-Aufnahmen um thermische Veränderungen über einen bestimmten Zeitraum zu dokumentieren.

Hier bietet eine M10 oder Pocket2 die Funktion Videos aufzuzeichnen wobei diese nicht radiometrisch sind. Dafür gibt es eine Zeitraffer-Funktion, die bis zu einem Bild pro Sekunde erlaubt, was für die meisten Anwendungen mehr als ausreichend wäre!

MEDIZINISCHE THERMOGRAFIE

Thermografie kommt in der Medizin aus folgenden Gründen zum Einsatz:

> Es ist ein Mittel um viele verschiedene Probleme zu diagnostizieren

> Thermografie ist nicht-invasiv

> Es kommt keine radioaktive Strahlung zum Einsatz

> Thermografie ermöglicht in vielen Fällen eine frühzeitige Erkennung

Die wichtigsten Prinzipien hierbei sind Folgende:

> Thermografich gesehen ist der Körper symmetrisch und

> die Muster die sich in einem Wärmebild zeigen, verändern sich nicht über die Zeit.

> Diverse Beschwerden verursachen Abweichungen von dieser Symmetrie und zeigen sich in kleinen thermischen Veränderungen.

Das Ganze basiert darauf, dass die Nervensteuerung des Hautdurchblutungsflusses überall im Körper auf Beschwerden reagiert.

So kann beispielsweise Brustkrebs viel früher erkannt werden als mit Mammographie. Außerdem zeigen sich Entzündungen als Temperaturerhöhungen und Bereiche, die schwächer durchblutet sind als kalte Stellen in einem Thermogramm.

Bestimmte Erkrankungen wie beispielsweise Chronische Fatigue-Syndrom (*CFS*) oder Fibromyalgie (*FMS*) zeigen charakteristische thermische Veränderungen im Körper. In diesem Beispiel wäre es eine kalte Stelle an der Position der Wirbel T1 und T2.

Hierbei ist Thermografie nicht das endgültige diagnostische Verfahren, sondern ein erster Indikator, der mit weiteren Tests abgesichert wird. Thermografie kann auf eine konkrete oder auf verschiedenste mögliche Erkrankungen hindeuten.

Außerdem lässt sich Thermografie gut einsetzen um Behandlungsfortschritte zu überwachen und zu dokumentieren. Manchmal zeigt Thermografie das eigentliche Problem nur indirekt - so kann eine Überbelastung eines Beins als wärmere Stelle im Thermogramm erscheinen. Dies kann aber auch nur die Folge einer Gewichtsverlagerung sein, die auf Grund von Schmerzen im anderen Bein erfolgte.

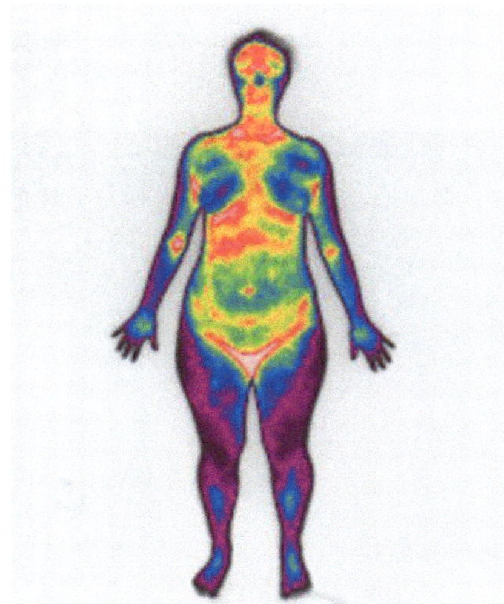

Beide Körperhälften sind symmetrisch

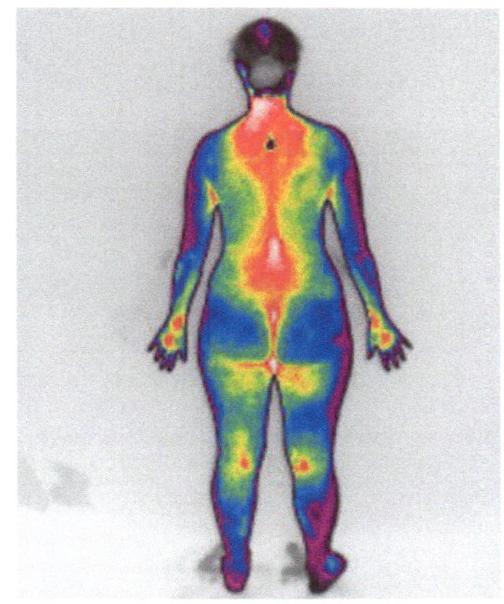

Palette: InfiRay Special2

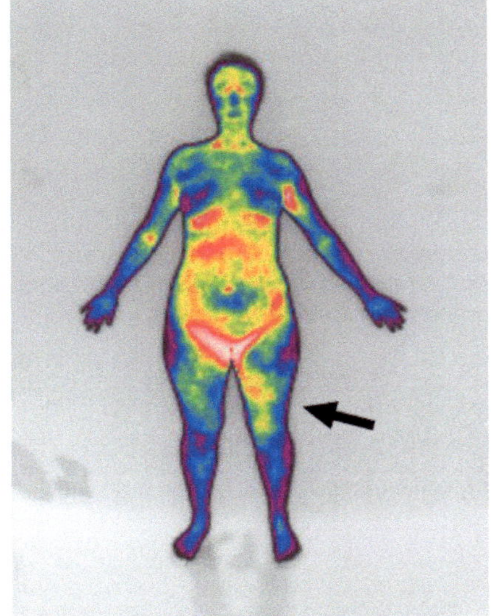

Muskelzerrung am linken Bein.

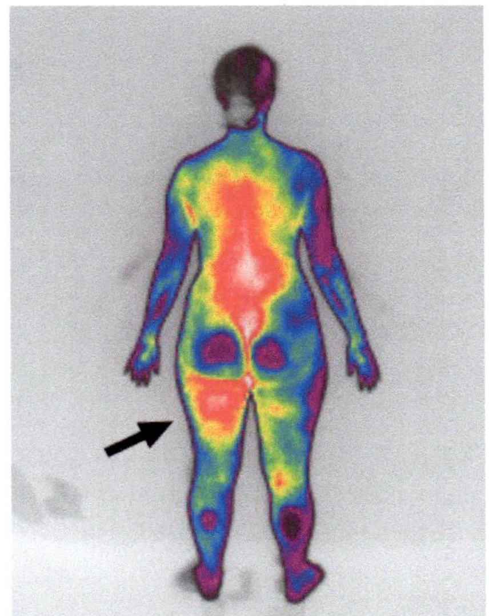

Die Rückansicht macht das noch deutlicher!

Wenn wir nur die letzten zwei Bilder betrachten wäre auch eine Trombose im rechten Bein denkbar, denn diese würde für eine verminderte Durchblutung sorgen und das Bein kühler erscheinen lassen.

Daher ist ein Thermogramm immer in Verbindung mit der Krankengeschichte und der vom Patienten angesprochenen Beschwerden und niemals isoliert zu betrachten.

Sehen wir uns dazu zwei einfache Beispiele an:

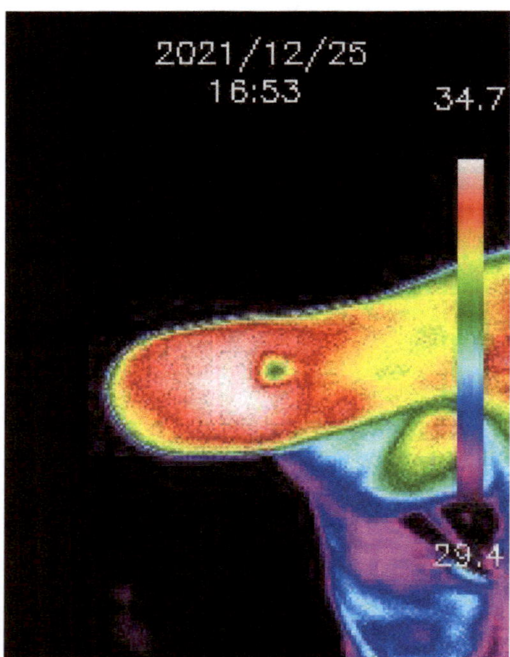

Ein kleiner Stich mit einer Spitzpinzete, der nur 2 oder 3 Tropfen Blut forderte lässt den Körper mit einem sehr deutlich sichtbaren Temperaturanstieg antworten.

Palette: Rainbow High-Contrast

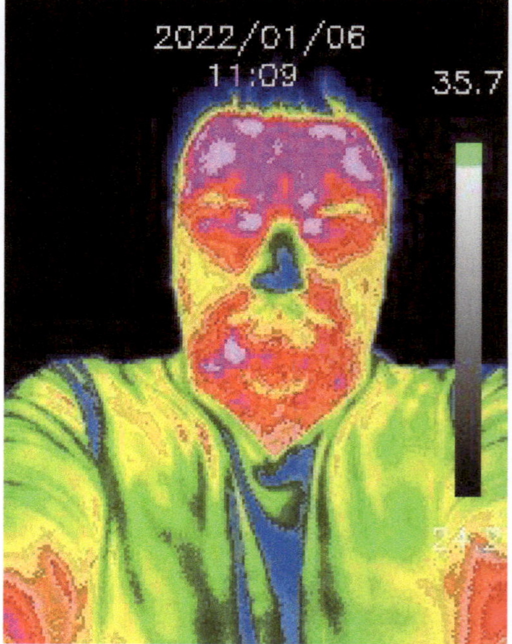

Migräne zeigt sich ebenfalls gut in der Thermografie. Die 16 Farbabstufungen der medizinischen Palette sorgen dafür, dass Muster noch stärker ausgeprägt dargestellt werden.

Palette: 16 Color Medical

Diese Beispiele machen auch die generelle Vorgehensweise offensichtlich - wir arbeiten in diesem Bereich mit einem sehr eng gesteckten Temperaturbereich und einer sehr kontrastreichen Palette.

DROHNEN- BZW. UAV-THERMOGRAFIE

Seit Kameras immer leichter und kleiner und Drohnen immer günstiger werden eröffnen sich viele neue Möglichkeiten.

Thermografie mit Drohnen ermöglicht:

> Untersuchungen von Dächern und Solaranlagen die schwer zugänglich wären vom Boden aus.

> Such- und Rettungseinsätze

> Überblick über Brände und die Suche nach Glutnestern und weiteren Brandherden

> Diverse Anwendungen im Agrar-Bereich

Einer der größten Vorteile bei Dächern ist, dass man das gesamte Dach mit einem Bild abdecken kann - hier liegt aber auch die Gefahr! Bei zu geringer Auflösung sieht man kleinere Probleme nicht wenn man einen so großen Bereich abbildet.

Das gleiche gilt für Such- und Rettungseinsätze. Je höher die Auflösung umso größer ist die Distanz aus der man Personen oder Tiere sehen kann.

Solarpaneele stellen eine besondere Herausforderung dar - einerseits sind Sie in einem Winkel montiert und andererseits sind die Oberflächen spiegelnd. Das müssen wir beachten. Außerdem gilt hier auch wieder, dass die Paneele unter Last laufen müssen damit wir auch Fehler erkennen können.

Zusätzlich gibt es in diesem Bereich noch einige weitere Dinge zu beachten:

> Drohnenführerschein (*je nach Gewichtsklasse und Einsatzbereich*)

> Fluggenehmigungen (*für spezielle Einsätze wie Innerorts oder Nachtflüge*)

> Versicherungen

Diese sind natürlich bis zu einem gewissen Grad auch länderspezifisch und im Zweifelsfall müssen Sie sich selbst informieren.

Außerdem sollte man bedenken, dass man teures Gerät fliegt bzw. vor allem bedenken, dass man fliegt. Alles was fliegt kommt auf die ein- oder andere Weise wieder zurück auf den Boden. Neben der Versicherung seiner Ausrüstung müsste man hier auch eine entsprechende Versicherung für Sach- und Personenschäden haben.

Apropos fliegen - ein weiterer Faktor den man bedenken muss ist die Flugzeit. Je nach Drohne, Zuladung und Wetter sind es nur wenige Minuten die man in der Luft sein kann. Planung und zügiges Arbeiten sind also absolute Pflicht!

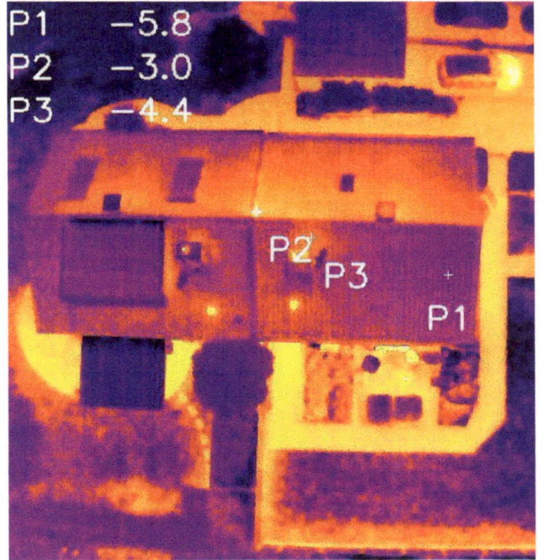

Hier sehen wir Luftaufnahmen zweier Doppelhaushälften. Die Drohnenbilder erleichtern es einen Überblick über den Zustand der Dächer zu bekommen!

IR-Bild: Maik-Thiemo Müller

Dank der Drohne kann man die hier gezeigten Wärmebrücken auch in entsprechender Höhe abbilden, was oftmals aus Platzgründen vom Boden aus sehr schwer wäre.

IR-Bild: Aleksandar Stojanovic

Einer der heikelsten Punkte bei der Thermografie mit einer Drohne ist der Mindestabstand zu unbeteiligten Personen. Mit einem entsprechenden Drohnenführerschein (*zB A2*) kann dieser im Langsamflugmodus 5m betragen.

Damit können Sie recht problemlos Gebäude, Dächer, Überlandleitungen und vieles andere Thermografieren. Da man selbst nicht den gleichen Blickwinkel hat wie die Drohne ist ein Tageslicht-Bild sehr wichtig um die Thermogramme auch richtig interpretieren zu können. Natürlich gilt dies nicht nur für Drohnen-Aufnahmen, sondern auch bei der Weitergabe vom Wärmebildern!

Für Such- und Rettungseinsätze gelten andere Regeln:

Behörden und Organisationen mit Sicherheitsaufgaben (*BOS*) sind von den Regelungen des EU-Rechts ausgenommen laut Artikel 2 Abs. 3 der Grundverordnung 2018/1139 (*EU*). Sie müssen aber einen sicheren Betrieb gewährleisten, der dem Sicherheitsniveau der EU-Vorschriften entspricht!

BOS-Kräfte müssen die Regelungen jedoch kennen und anwenden aber Sie dürfen davon abweichen, sofern die Art des Einsatzes dies erfordert und es im Hinblick auf die Sicherheit vertretbar ist. Sie müssen sich allerdings keine Genehmigungen für Einsätze einholen, für die andere Betreiber Genehmigungen benötigen würden (*zB Flugerlaubnis, etc.*).

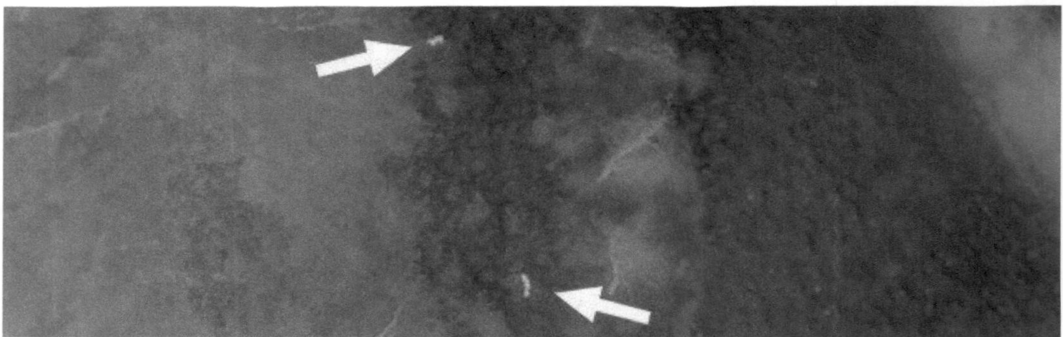

2 Rehe aus 50m Höhe (Aufnahmen: Maik-Thiemo Müller - Rehkitzrettung Hattingen)

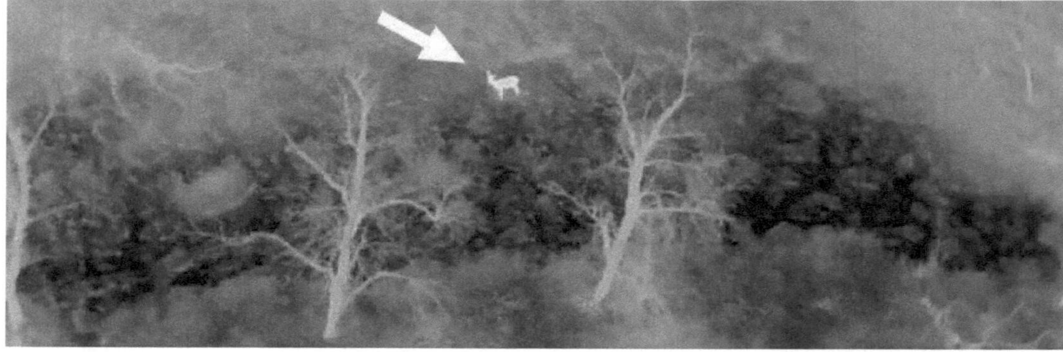

Reh am Waldrand (Aufnahmen: Maik-Thiemo Müller - Rehkitzrettung Hattingen)

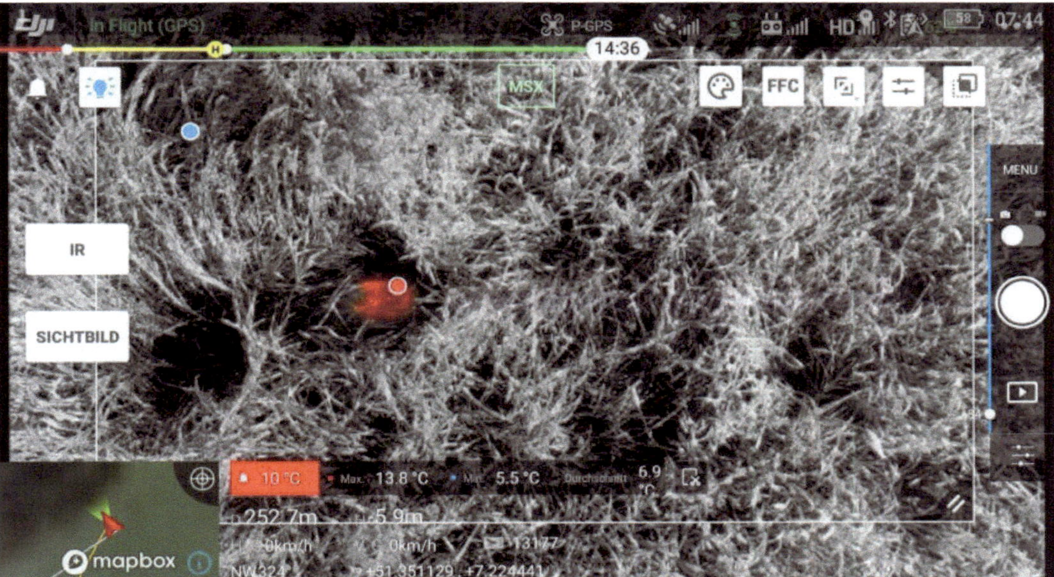

Rehkitz-Ortung aus 6m Höhe (Aufnahmen: Maik-Thiemo Müller - Rehkitzrettung Hattingen)

ANALYSESOFTWARE

Analysesoftware kann genutzt werden um Bilder nachträglich feinzutunen.

Bevor wir uns ansehen was Analysesoftware alles kann will ich Ihnen kurz erläutern was vor der Aufnahme stimmen muss, denn folgende drei Dinge kann Software nicht nachträglich ändern:

> **Fokus** - ist das Bild nicht scharf fokussiert, kann man dies am PC nicht mehr verbessern. Vor allem bei Kameras mit manuellem Fokus sollte man Hilfen wie iMix, MSX oder Fusion nicht an der Kamera aktivieren da diese durch das überblenden der Kanten eine scharfe Fokussierung suggerieren auch wenn diese nicht gegeben ist. Unscharfe Wärmebilder erlauben keine genaue Temperaturmessung!

> **Temperatur-Range** - manche Kameras erlauben die Auswahl eines Temperaturbereichs (*zB. -20 - 150°C und 50 - 550°C oder manchmal auch Hi-Gain und Low-Gain*). Man muss vor der Aufnahme darauf achten den passenden Temperatur-Bereich eingestellt zu haben um eine korrekte Temperaturwiedergabe im Bild zu haben.

> **Bildausschnitt** - Wir haben bei Wärmebildkameras ohnehin sehr wenig Auflösung zur Verfügung also sollte der Bildausschnitt passen. Nachträgliches Beschneiden ist zwar theoretisch möglich, kostet aber Auflösung und damit Bildqualität.

Andere Dinge wie Level und Span oder die Palette können in der mitgelieferten Software nachträglich in Ruhe angepasst werden. Auch die Umgebungsparameter wie Umgebungstemperatur, Abstand oder Luftfeuchtigkeit können nachträglich angepasst werden.

Außerdem erlaubt uns ein Analyseprogramm das Messen verschiedenster Bereiche im Bild mit Punkten, Linien, Kreisen, Rechtecken oder Polygonen.

Meist wird mit diesen Programmen auch die Verwaltung der Bilder gemacht und man kann Bildern Anmerkungen, farbige Markierungen oder Bewertungen hinzufügen wie in vielen Programmen zur Fotobearbeitung.

Außerdem erlauben es diese Tools in der Regel mit wenigen Mausklicks einen professionell aussehenden Report zu exportieren, den man dann zB in Word weiterbearbeiten könnte falls man dies benötigt. Die Programme sind ziemlich selbsterklärend und bedürfen keiner langen Einarbeitungszeit:

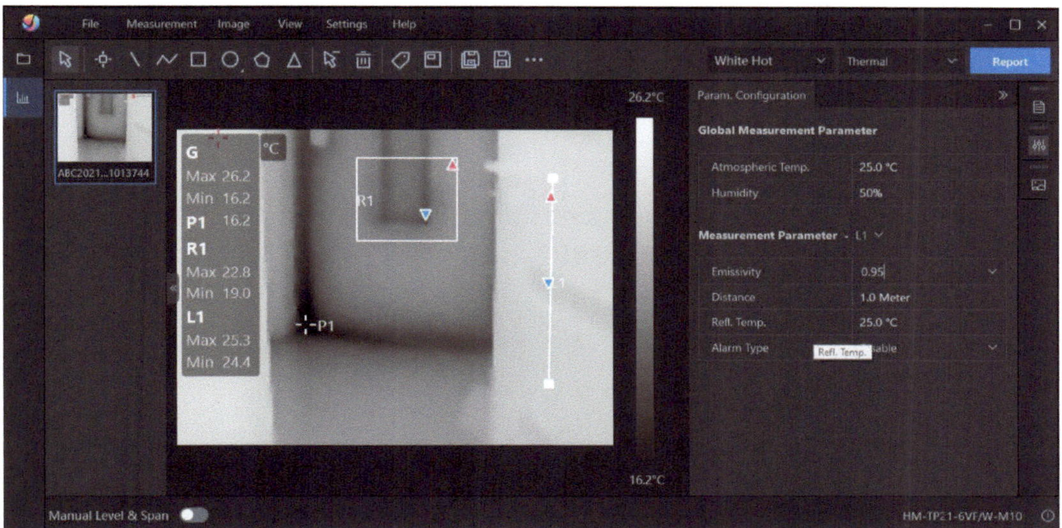

Bildanalyse

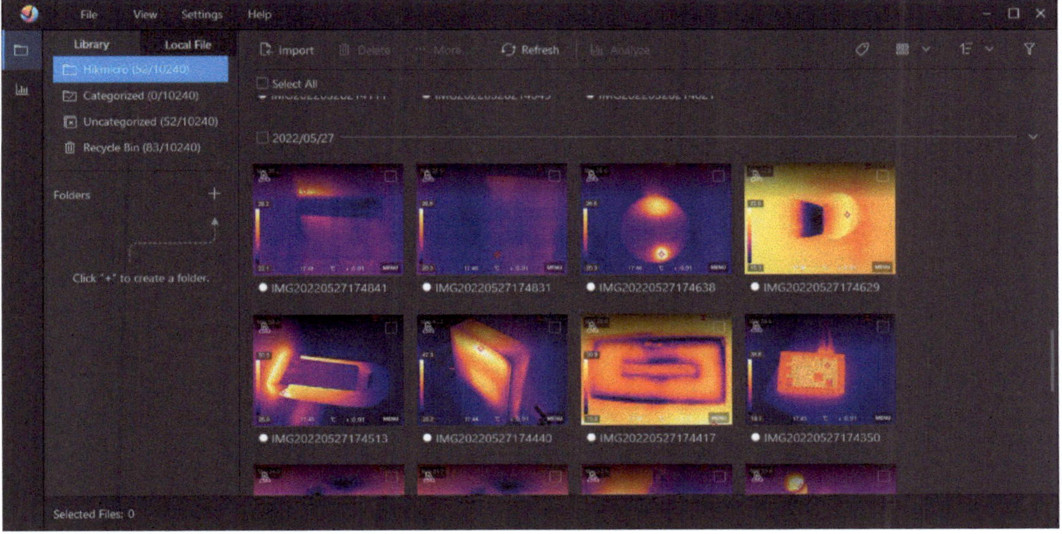

Bildverwaltung

DIE HÄUFIGSTEN FEHLER

Fehler zu machen ist Teil des Lernprozesses. Es gibt jedoch einige Dinge die Anfänger sehr häufig falsch machen.

Sehen Sie dieses Kapitel also als Checkliste, die Sie bei Ihren Aufnahmen abarbeiten können um falsche Ergebnisse zu vermeiden...

1) Unscharfe Aufnahmen

Unscharfe Thermogramme sind nicht nur schwerer zu interpretieren, sondern zeigen auch falsche Temperaturen an:

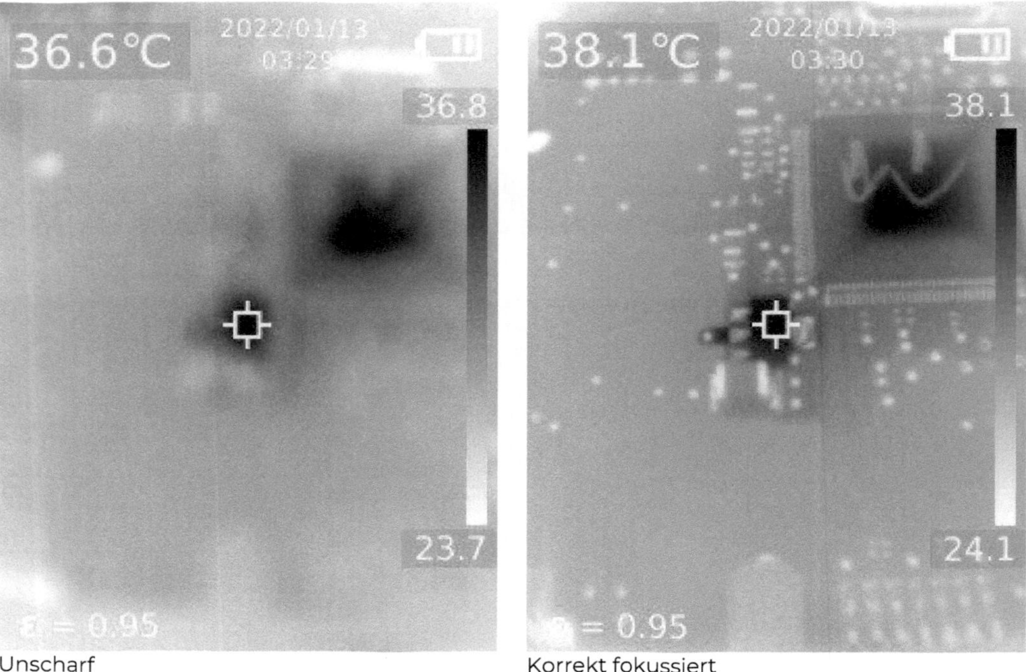

Unscharf

Korrekt fokussiert

Wir sehen hier, dass das unscharfe Thermogramm um 1,5°C niedrigere Temperaturen anzeigt.

2) Falscher Emissionsgrad und/oder falsche reflektierte Temperatur

Falsch eingestellte Parameter liefern falsche Messergebnisse:

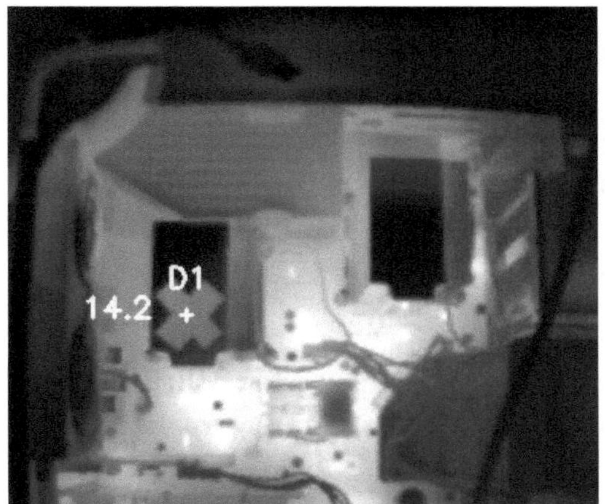

ε 0,05 - zB spiegelndes Metall

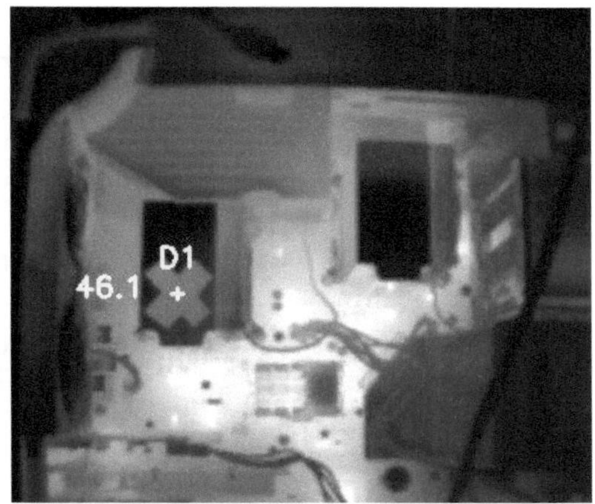

ε 0,80 - zB Kreppband

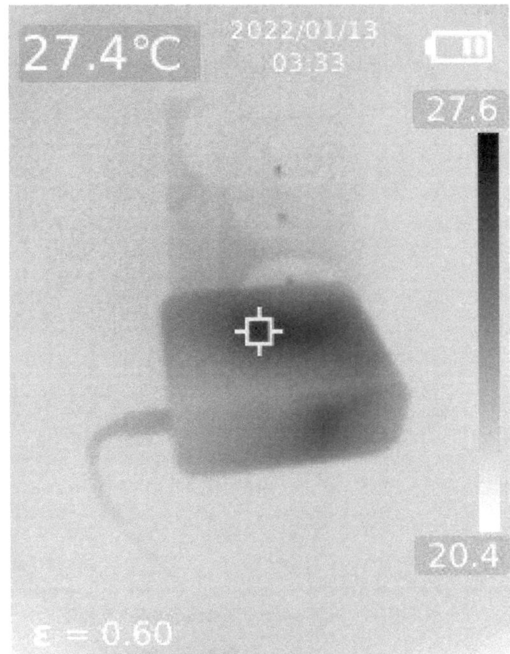

Reflektierte Temperatur 22°C

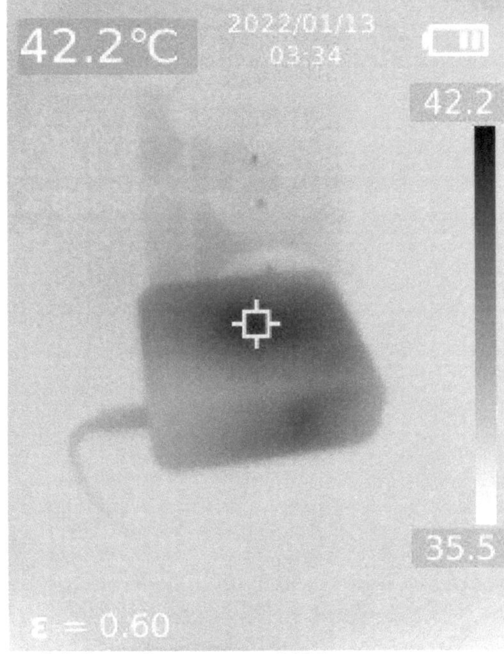

Reflektierte Temperatur -10°C

Der Emissionsgrad und die reflektierte Temperatur haben einen enormen Einfluss auf die Messwerte und je größer der Fehler ist, umso falscher sind die Messergebnisse.

3) Reflektionen nicht als solche erkennen

Thermografie braucht Zeit - man darf nicht einfach nur schnell Schnappschüsse im Vorbeigehen aufnehmen und dann später die IR Aufnahmen sichten.

Betrachten Sie die Thermogramme vor Ort und Hinterfragen Sie was Sie sehen.

Vor allem im Elektro-Bereich, wo wir viele stärker spiegelnde Oberflächen haben, ist es wichtig sicherzustellen, dass heiße Stellen auch wirklich heiß sind und keine Spiegelungen von anderen Wärmequellen.

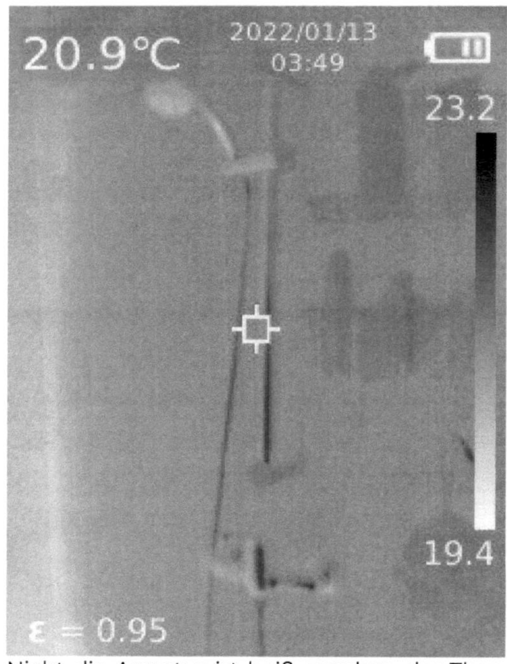

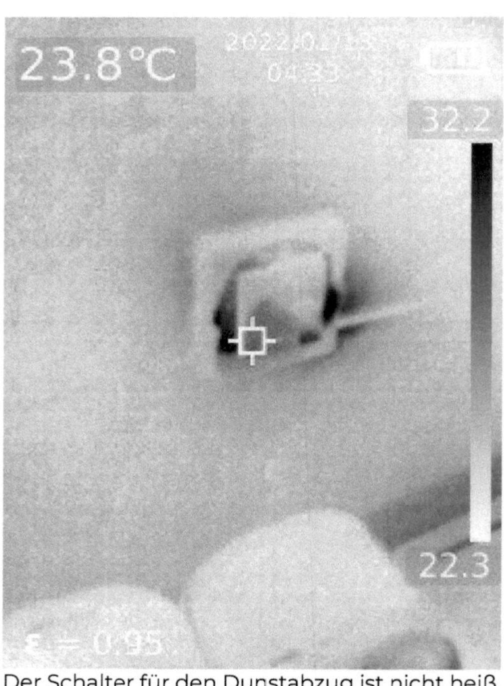

Nicht die Armatur ist heiß, sondern der Thermograf spiegelt sich darin.

Der Schalter für den Dunstabzug ist nicht heiß, ein noch warmer Kochtopf spiegelt sich darin.

Wie Sie am Schalter gut sehen, ist eine Reflektion oftmals nicht so einfach als solche zu erkennen. Daher ist es auch essentiell sich immer mit mehreren

Thermogrammen aus unterschiedlichen Winkeln abzusichern, dass wir keine Reflektionen Thermografieren.

4) Fehlinterpretation von Infrarot-Aufnahmen

Vor allem das Interpretieren von Thermogrammen ist etwas das Erfahrung benötigt.

Die Interpretation benötigt hierbei oftmals einiges an Zeit und eventuell auch Recherche. Außerdem gilt es die gelernten Grundlagen im Hinterkopf zu haben und diese bei der Interpretation zu berücksichtigen.

Fragen Sie sich dazu am besten bei jeder heißen und kalten Stelle in Thermogramm:

> Woher stammt die Wärme bzw. Kälte?

> Warum tritt sie an dieser Stelle auf?

> Wie kommt sie an diese Stelle?

> Was könnte es sonst sein?

Es ist auch eine gute Idee sich Thermogramme vor der Abgabe eines Berichts oder eine Einschätzung zwei- oder dreimal anzusehen um nichts Wesentliches zu übersehen.

Vor allem das Hinterfragen der ersten Einschätzung beim zweiten Betrachten hat mich schon öfters davor gerettet eine Fehleinschätzung abzugeben.

Vergleichen Sie bei Gebäuden auch Außen- und Innenaufnahmen und überdenken Sie ob diese zusammenpassen und beide die gleiche "Geschichte" erzählen.

Vor allem wenn mehrere Thermogramme zusammen zu einem "Projekt" gehören, ergibt sich oftmals in Laufe der Analyse ein Gesamtbild das Sie dann bei einzelnen Thermogrammen veranlasst ihre erste Theorie zu verwerfen und entsprechend Ihre Interpretation abzuändern.

ANHANG 1
Tabelle gängiger Emisionswerte

Aluminium (*eloxiert*)	0.77	Lack (*mattschwarz*)	0.97
Aluminium (*poliert*)	0.05	Lebensmittel / biol. Material	0.95 – 0.98
Beton	0.92	Mahler-Kreppband	0.80 – 0.90
Beton (*trocken*)	0.95	Menschliche Haut	0.98
Chrom (*poliert*)	0.10	Messing (*oxidiert*)	0.61
Edelstahlplatte	0.34	Messing (*poliert*)	0.03
Eis	0.97	Mörtel	0.87
Eisen (*stark verrostet*)	0.91 - 0.96	Mörtel (*trocken*)	0.94
Email-Lack	0.90	Papier (*Karton*)	0.81
Farbe (*Aluminium*)	0.45	Papier (*schwarz, glänzend*)	0.90
Farbe (*Wandfarbe*)	0.90 – 0.95	Papier (*schwarz, matt*)	0.94
Faserplatte	0.85	Papier (*weiß*)	0.68
Fliesen (*glasiert*)	0.94	Plexiglas	0.86
Gips	0.85 - 0.90	Polypropylen	0.97
Gipskarton (*unbehandelt*)	0.90	Porzellan (*glasiert*)	0.92
Glas	0.92	Putz	0.91
Glas: matt	0.70 – 0.96	PVC	0.91 - 0.93
Glasfaser	0.75	Rostfreier Stahl	0.59
Granit (*natürliche Oberfläche*)	0.96	Ruß	0.95
Graphit (*gefeilte Oberfläche*)	0.98	Sand	0.90
Gummi	0.95	Schamottstein	0.68
Hartholz (*entlang der Maserung*)	0.68 - 0.73	Schnee	0.83

Hartholz (*quer zur Maserung*)	0.82	Sperrholz	0.83 - 0.98
Holz (gehobelt)	0.90	Sperrholz (*unbehandelt*)	0.83
Isolierband (*schwarz*)	0.95	Stahl (*frisch gewalzt*)	0.24
Kalkstein (*natürliche Oberfläche*)	0.96	Stahl (*verzinkt*)	0.28
Kunststoff (*Acryl, klar*)	0.94	Styropor-Isolierung	0.60
Kunststoff (*schwarz*)	0.95	Tapete	0.85 – 0.90
Kunststoff (*weiß*)	0.84	Ton (*gebrannt*)	0.91
Kupfer (*oxidiert*)	0.65	Verzinktes Rohr	0.46
Kupfer (*poliert*)	0.05	Verzinntes Eisenblech	0.06
Lack (*Bakelit*)	0.93	Wasser	0.95
Lack (*Kunststoff, schwarz*)	0.95	Ziegel	0.81 – 0.93
Lack (*Kunststoff, weiß*)	0.84	Zinn (*brüniert*)	0.05

Derartige Tabellen dienen wie bereits erwähnt eher dazu grobe Richtwerte zu erhalten und nicht exakte Daten!

Je nach Emissionsgrad ist eine kleinere Abweichung für eine Temperaturmessung nicht wirklich dramatisch und daher für viele Anwendungen durchaus vertretbar.

Außerdem sehen wir hier schön wie Matte und raue Materialen einen deutlich höheren Emissionswert haben als glatte und glänzende Materialien.

Tabelle Wärmekapazität / Wärmeleitkoeffizient

Material	spez. Wärmekap. kJ / kg	Wärmeleitk. W / (m * K)
Aluminium	0,896	236
Asphalt	0,92	0,7 - 0,9
Beton	0,88	2,1
Blei	0,129	35
Chrom	0,452	86
Eis	1,6	1,75 - 2,3
Gips	1,09	0,35
Glas	0,7	0,7 - 1,2
Gold	0,13	314
Granit	0,79	2,8
Graphit	0,715	119 - 165
Holz	1,7	0,09 - 0,19
Kalkstein	1	2,2
Kupfer	0,381	401
Luft	1,0054	0,0262
Marmor	0,88	2,8
Nickel	0,444	85
Platin	0,134	71
Polystyrol (*EPS, XPS*)	1,45	0,02 - 0,04
PVC	0,85	0,15 - 0,23
Quarzglas	0,703	1,4

Sand	0,835	0,3
Silber	0,234	429
Silizium	0,741	163
Stahl	0,48	48 - 58
Wachs	2,931	0,15
Wasser	4,19	*(abh. von Temp. - zB 20°C)* 0,6
Wolfram	0,134	197
Zement	0,754	1,4
Ziegel	0,92	0,3 - 0,96
Zink	0,389	109

Diese Tabelle zeigt gut, warum EPS und XPS-Platten als Dämmung eingesetzt werden und nicht beispielsweise Aluminiumplatten (*siehe Wärmeleitkoeffizient*). Sie zeigt auch warum sich Wasser langsamer erwärmt und langsamer abkühlt als diverse Baumaterialen (*siehe spezifische Wärmekapazität*).

Auch diese Werte sind teilweise abhängig von verschiedensten Faktoren und nur als grobe Richtwerte zu verstehen.

BUCHEMPFEHLUNGEN

Python ist eine leicht zu erlernende und dennoch eine sehr vielfältige und mächtige Programmiersprache. Lernen Sie mit der bevorzugten Sprache vieler Hacker, Ihre eigenen Tools zu schreiben und diese unter Kali-Linux einzusetzen, um zu sehen, wie Hacker Systeme angreifen und Schwachstellen ausnutzen. Durch das Entwickeln Ihrer eigenen Tools erhalten Sie ein deutlich tiefgreifenderes Verständnis, wie und warum Angriffe funktionieren.

Nach einer kurzen Einführung in die Programmierung mit Python lernen Sie anhand vieler praktischer Beispiele die unterschiedlichsten Hacking-Tools zu schreiben. Sie werden selbst schnell feststellen, wie erschreckend einfach das ist.

Durch Einbindung vorhandener Werkzeuge wie Metasploit und Nmap werden Skripte nochmals effizienter und kürzer.

19,90 EUR
ISBN: 978-3748165811
Verlag: BOD

In diesem Buch versuche ich dem Leser zu vermitteln, wie leicht es mittlerweile ist, Sicherheitslücken mit diversen Tools auszunutzen. Daher sollte meiner Meinung nach jeder, der ein Netzwerk oder eine Webseite betreibt, ansatzweise wissen, wie diverse Hackertools arbeiten, um zu verstehen, wie man sich dagegen schützen kann. Selbst vor kleinen Heimnetzwerken machen viele Hacker nicht halt.

Wenngleich das Thema ein sehr technisches ist, werde ich dennoch versuchen, die Konzepte so allgemein verständlich wie möglich erklären. Ein Informatikstudium ist also keinesfalls notwendig, um diesem Buch zu folgen. Dennoch will ich nicht nur die Bedienung diverser Tools erklären, sondern auch deren Funktionsweise so weit erklären, dass Ihnen klar wird, wie das Tool arbeitet und warum ein bestimmter Angriff funktioniert.

29,90 EUR
ISBN: 978-3751969925
Verlag: BOD

Assembler, die Maschinensprache, gilt als eine sehr schwer zu erlernende Programmiersprache. Ich will Ihnen mit diesem Buch zeigen, dass Assembler gar nicht so schwer ist. Assembler ist anders und funktioniert nicht wie moderne Hochsprachen, aber wenn Sie erst einmal verstanden haben, wie man damit arbeitet, verliert Assembler den Schrecken.

In diesem Buch erwartet Sie ein praktischer Einstieg in die Programmierung mit Assembler. Ohne uns langwierig durch die theoretischen Grundlagen zu quälen, legen wir gleich los und sehen uns anhand von praktischer Beispielen an, wie Assembler und die Maschinenbefehle arbeiten. Dabei beleuchten wir die Stolpersteine und Herausforderungen bei dieser Art der Programmierung. Dazu nutzen wir moderne 64-Bit Intel-Architektur unter Linux.

14,90 EUR
ISBN: 978-3751960120
Verlag: BOD

Zu keinem anderen Teilbereich in der IT grassiert so viel Halbwissen wie bei Datenrettungen!

Ich will mit diesem Buch interessierten die Grundlagen und wichtigsten Zusammenhänge so verständlich wie möglich nahebringen und ein grundlegendes Verständnis für die Vorgänge im inneren der Datenträger schaffen.

Dabei zeige ich Ihnen Schritt für Schritt, welche Tools für welche Probleme geeignet sind.

Neben logischen Problemen behandeln wir das Klonen mit spezieller Hardware, Firmware-Probleme und Reinraum-Datenrettungen.

Dieses Buch ist eine komplette Einführung in die Arbeit als professioneller Datenretter.

89,90 EUR
ISBN: 978-3755759324
Verlag: BOD